유튜브를
활용한
TOL 글쓰기

책 안 읽는 우리아이의
사고력과 창의력을 책임져주는

유튜브를
활용한
TOL 글쓰기

김재윤 지음

CHAPTER 4

TOL 글쓰기 세 번째 : 생각의 방 탈출하기(Leave)

CHAPTER 5

나가는 글

CHAPTER 1

들어가는 글

유튜브와 책. 상극일 것 같은 이 두 단어엔 공통점이 있다. 기승전결 체계를 갖춘 스토리를 바탕으로 한다는 점이다. 겉모습만 다를 뿐, 이야기를 풀어가는 방법이 비슷한 만큼 유튜브에서도 책 읽기를 통한 교육효과를 기대할 수 있다. 유튜브를 보는 아이가 책 읽는 아이 못지않은 사고력을 가질 수 있다는 것이다. 모두가 가지 않는, 가면 안 된다고 하는 지점에서부터 사고력 키우기를 시작해보자.

프롤로그 :
미래의 우등생은 디지털 유목민이다

1) 4차 산업 시대, 경계는 이미 허물어졌다

4차 산업 혁명이라는 말이 한때의 유행을 넘어 새로운 시대를 대표하는 단어로 자리 잡고 있다. 인공지능(AI)과 모바일을 앞세운 정보통신기술의 발전으로 초연결, 초지능 시대를 맞이했다.

특히, 융합과 응용이 4차 산업 시대의 핵심 가치로 떠오르고 있다. 실제로 요즘엔 디지털 전용 콘텐츠 따로, 아날로그 콘텐츠 따로 존재하지 않는다. 텍스트 기반의 책이 뉴미디어를 만나 새로운 콘텐츠로 재탄생되는 경우도 많다. 종이책 출간 시 전자책이나 오디오북으로 병행 출간되는 경우는 이제 흔한 일이며, 반대로 인기를 끈 웹툰이나 웹소설 등이 종이책으로 출간되기도 한다.

또 흔한 남매, 박막례 할머니 등 인기 유튜버의 콘텐츠가 책으로 출간되는 일도 있으며, 반대로 「해리포터」, 「이태원클라쓰」 등 화제의 영화나 드라마를 본 뒤 원작 책을 다시 찾아 읽는 사람들도 있다. 독자가 곧 시청자고, 시청자가 곧 독자다.

경계 파괴와 융합은 텍스트와 영상 사이에서만 일어나는 것이 아니다. 영상 콘텐츠 사이에서도 경계 파괴와 융합이 일어난다. TV 인기 프로그램 하이라이트와 방송에 다 담지 못했던 촬영장 비하인드, NG 장면 등을 유튜브에서 손쉽게 볼 수 있고, 반대로 화제의 유튜버가 TV 프로그램에 출연해 자신의 콘셉트를 방송 소재로 삼기도 한다. 고유의 영역이 점차 파괴되고 섞이며 시너지를 내면서 진화의 진화를 거듭하고 있다.

물리적 공간에 제약받지 않고 자유롭게 이동하고 서로 연결되어 있는 세상. 모든 것이 빠른 속도로 연결되고 진행되는 시대, 스마트폰을 이용해 궁금한 것을 빠르게 찾아내서 익히고 한발 더 나아가 익힌 내용을 응용해서 새로운 것을 만들어내는 사람들이 주목받고 있다.

이들의 공통점은 논리적이면서 종합적인 사고를 한다는 것이고, 이를 바탕으로 창의성을 마음껏 펼친다는 것이다. 그래서 이 책도 4차 산업의 핵심 가치인 융합과 응용에서 출발하고자 하며, 어떻게 하면 종합적인 사고력과 창의력을 기를 수 있을지 고민할 예정이다.

2) 우수 학생의 개념이 바뀌고 있다

이 책을 집필하고 있는 2020년 봄과 여름, 전 세계는 코로나19로 몸살을 앓고 있다. 우리나라도 예외는 아닌데 확진자들이 늘어나면서 아이들의 개학과 등교는 계속 미뤄졌고 결국 온라인 원격 수업으로 학사일정을 맞출 수밖에 없었다.

교육 당국도 학부모들도 학생들도 처음 겪어보는 일이라 혼란도 있었지만, 그 가운데 중요한 사실을 하나 발견할 수 있었다. 바로 학생들의 자기주도학습 여부에 따라 아이들의 학습 격차가 생긴 것이다. 오프라인 수업(교실 수업) 때와는 다른 양상이 전개된 것이다.

오프라인 수업 때는 선생님 강의를 귀담아듣고 교과서를 집중력 있게 읽고, 노트 필기를 잘한 학생들이 수업 내용을 잘 흡수했다. 모르는 내용이나 궁금한 점이 있으면 즉시 손을 들고 선생님께 질문해서 해결했다. 설령 집중을 못 하거나 모르는 데 그냥 넘어가는 학생들이 있더라도 선생님이 끌고 갔다.

하지만 PC, 태블릿, 스마트폰 등을 기반으로 한 온라인 수업에서는 원격 수업의 한계로 인해 학생과 선생님이 얼굴을 맞대고 1:1로 소통하기 어려워졌다. 이에 온라인 수업에서는 온라인 공간 이곳저곳을 누비고 다니면서 스스로 찾아서 공부하는 학생들이 빛을 발했다. 특히 자기주도학습을 잘할 줄 아는 학생들은 수업과 관련된 내용들을 유튜브에서 찾아서 시청하거나, 포털 검색창에 관련 정보를 검색해서 살펴보며 수업 성취도를 높였다. 스마트 기기를 능동적으로 활용하며 시공간의 제약을 극복한 것이다.

반면 자기주도학습이 원활치 못한 학생들은 수업에 집중하는 데 어려움을 겪었고, 선생님이 도와주고 싶어도 한계가 있었다. 코로나19 시대, 학습의 핵심인 자기주도학습은 논리적이고 종합적인 사고력과도 맞닿아 있다.

많은 의학 전문가들이 코로나19가 없었던 시절로 완전히 돌아갈 수는 없을 것이라는 전망을 하고 있다. 코로나19로 인해 뉴미디어를 바탕으로 한 재택 수업, 온라인 원격 수업은 이제 선택이 아닌 필수다. 그리고 군이 코로나19가 아니더라도 4차 산업 시대에 적합한 인재 양성을 위해 교육 당국도 고민하고 있던 터였다. 코로나19로 인해 박차가 가해졌을 뿐이다.

실제로 교육 당국에서도 온라인과 교과서 이외에 유튜브 영상이나 신문 기사, 음악 등 다양한 콘텐츠를 활용한 리터러시 활동에 주목하고 있으며(주: 리터러시는 휴대폰과 PC, TV, 신문 등의 매체에서 텍스트를 비롯해 영상 사진 그림 음성 등 다양한 형태의 콘텐츠를 접한 뒤 자기 생각과 의견을 덧붙여 표현하는 활동을 뜻한다), 이를 위해 교육부에서도 학생들의 미디어 역량을 높이기 위해 리터러시 교육콘텐츠 「슬기롭게 누리는 미디어 세상」을 제작하고 배포해 시범 교육을 하고 있었다.

앞으로는 전통적인 모범생보다는 디지털 유목민 스타일의 자기 주도적 학습을 하는 학생들이 빛을 발할 수 있는 여건이 조성될 가능성이 크다. 선생님이 알려준 내용을 수동적으로 받아들이기보다는 수업 내용을 바탕으로 여러 가지 미디어를 동원해 자기 생각을 키워나가는 학습 태도가 요구되는 것이다. 그렇게 세상은 우수 학생의 개념도 바꿔놓고 있다.

TOLution
4차 산업 시대의 우수 학생
스마트 기기를 이용해 수업과 관련된 내용을 스스로 찾아보면서 온라인 공간 이곳저곳을 누비고 다니는 학생

교육 현장과
요즘 아이들 사이의 괴리감

1) 연결의 시대, 단절된 교육

4차 산업 시대의 본격 개막, 이에 자녀 교육도 시대 흐름에 걸맞게 변모해야 한다는 목소리가 높다. 하지만 일선 교육 현장이나 각 가정에서 이뤄지는 교육 내용을 보면 고개가 갸웃거려진다. 자유롭게 생각하고 창의성을 마음껏 펼칠 수 있는 인재를 만들어야 한다는 구호는 요란하지만 그에 적합한 교육이 이뤄지고 있는지 의문이 들어서이다.

여전히 학교에서는 그리고 학부모들은 유튜브, TV, 웹툰을 보지 말라고 한다. 게임 그만하고 책 좀 읽으라고 한다. 어린 시절 만화책을 보고 게임을 하는 우리들을 향해 "커서 뭐가 되려고 그러니?"라고 잔소리하는 부모님의 모습을 그대로 재현하고 있다.

학교와 학부모들은 여전히 '단절'이라는 환경 속에서 아이들을 지도한다. 생각이 쑥쑥 자라기를 원하지만 방안에 고립시키면서 책을 읽힌다. 생각이라는 것이 서로 연결되고 꼬리에 꼬리를 물어야 더 커질 수 있는데도 그저 책을 읽고 독후감을 쓰면 해결될 것이라고 믿는다.

아날로그 부모는 디지털 아이들에게 스마트 기기와 콘텐츠들을 멀리하라고 다그친다. 자신들은 출근길 휴대전화 앱으로 영어 회화를 공부하고, 태블릿 PC를 주방에 세워두고 유튜브에 올라온 조리법 영상을 재생시킨 채 요리를 하면서 '세상 참 좋아졌다'고 말한다. 그런데 아이들에게는 유튜브를 보지 말라고 한다. 유튜브, 더 나아가 스마트폰을 적절히 이용하면 삶의 질이 달라질 수 있다는 것을 몸소 체험했지만, 아이들에겐 스마트폰을 멀리하라고 하는 건 모순된 행동이다.

4차 산업 시대에도 여전히 유효한 글쓰기의 효용성에 주목한 많은 학부모가 아이들을 학원에 보내보지만 유명 논술 학원은 대부분 대입 논술 중심의 수업을 한다. 초등학생을 위한 독서 논술 학원도 학년별 추천 권장 도서, 위인전, 고전 명작 등을 쌓아놓고 계속 읽게 하거나 기계적으로 독후감을 쓰게 하는 경우가 많다. 책 읽고 독후감 쓰는 과제, 간단한 첨삭 지도가 전부이다.

아이들이 흥미를 느끼는 다양한 소재를 이용해 최대한 많은 생각을 자유롭게 펼치게 하고, 이를 정리해서 나만의 생각과 의견을 세우고, 발산한 생각들을 토대로 논리적 창의적 생각을 키워주며 글쓰기에 필요한 기초를 확립하게 도와주는 학원은 찾기 힘든 것이 현실이다.

일선 학원뿐만 아니라 아이들 글쓰기 교육 관련 서적들에서도 책 읽기를 솔루션으로 제시하는 경우가 많았다. 기존 서적들 중 대부분은 '유튜브나 TV 시청 대신 책을 읽히라'는 원론적인 이야기를 되풀이하는 경우가 많다. 독서 습관을 들여야 한다는 것을 모르는 부모는 없다. 하지만 책을 싫어하는 아이를 잘 설득하고 책 읽는 환경을 조성해서 책을 읽히라는 서적들만 있을 뿐, 책 싫어하는 아이도 다른 방법으로 얼마든지 사고력을 기를 수 있다는 대안을 제시하는 서적은 없다.

물론, 속독 능력을 기르는 것이라면 책 읽기가 가장 효과적인 방법이 될 수 있다. 하지만 종합적이고 체계적인 사고를 기르기 위한 것이라면 반드시 책으로 시작하지 않아도 된다. 책을 읽지 말자는 것이 아니라 책이 유일한 답은 아니라는 것이며, 책부터 시작할 필요는 없다는 것이다.

하기 싫은 것을 억지로 시켜서 평생 책과 멀어지게 할 필요는 없다. 강압적인 분위기 속에서 주위 모든 것과 단절된 채 책 읽기를 강조하면, 책은 지루한 것이라는 인식이 심어질 수 있다. 책 읽기 싫어하는 아이와 무조건 읽히려는 엄마가 줄다리기하면서 서로 스트레스받으며 힘을 뺄 필요는 없다.

나만의 생각을 갖고 이를 키워나가기도 전에 읽어야 할 책은 쌓이고 노트 채우기식의 독후감 숙제는 들이닥치니 아이들은 숨이 차다. 책 읽기를 위한 책 읽기, 의무적으로 해야 하는 숙제 때문에 독후감 노트 숫자는 늘어날 수 있겠지만, 사고력이 함께 자라지는 않을 것이다.

지난 3월 문화체육관광부가 공개한 '2019년 국민독서 실태조사' 보고서에 따르면, 종이책과 전자책을 합친 한국 성인들의 연간 평균 독서량은 7.5권으로 조사됐다. 2년 전인 2017년 9.4권과 비교하면 1.9권 줄어들었다. 성인 연간 독서율도 55.7%에 불과하다. 학생 연간 독서율 92.1%에 비하면 턱없이 부족한 수치다. 대한민국 성인이라면 누구나 겪었을 학창 시절 강제적인 독후감 쓰기가 수십 년 뒤에도 책과 멀어지게 만들고 있다는 분석이다. 당신의 아이도 그런 어른이 되길 바라는지 생각해 볼 문제이다.

2) 유튜브 월드 vs 책 월드

필자는 16년간 기자 생활을 했다. 글을 업으로 삼았던 사람이라 퇴사 후에도 글쓰기 강사 및 아이의 사고력 향상을 위한 학부모 코치로 활동하고 있다. 그러면서 많은 학생들을 접했는데, 수업을 통해 아이들을 관찰해본 결과 아이들의 세계는 '유튜브 월드 vs 책 월드'로 나누어졌다.

전자인 유튜브 월드는 아이들이 좋아하고 관심을 보이는 세상이다. 유튜브를 비롯해 SNS, 영화, 만화, 게임 등 스마트폰을 통해 손쉽게 접할 수 있는 콘텐츠들이다. 관심을 보이는 만큼 능동적인 태도를 보이는 경우가 많다.

반대로 후자인 책 월드는 아이들에겐 재미없고 지루한 세상이다. 책 읽기 독후감 쓰기 등이 이에 해당한다. 재미없고 지루하기에 관심도 없고 하기는 더더욱 싫은 세상, 하지만 엄마나 선생님이 시켜서 어쩔 수 없이 이 세상에 발을 걸치고 있다.

해외 명문대 학벌을 위해 준비되지 않은 아이들을 해외로 내모는 부모들 때문에 아이들이 현지에서 어려움을 겪듯, 유튜브에 최적화된 아이들이 책 월드로 던져질 때도 아이들은 어려움을 겪는다.

유학 갈 나라의 언어도 제대로 구사하지 못하고 문화와 생활 습관도 익히지 못했는데 바로 현지 학교에 적응하기는 쉽지 않다. 학교에 입학하기 전 현지 어학원을 다니면서 언어를 익히고 그 나라 생활에 적응한 뒤 입학하는 것이 좋다. 책 월드로의 진입도 연착륙하는 것이 바람직하다. 영상이라는 언어를 사용하는 유튜브 월드에 적응하면서 살고 있는데 어느 날 갑자기 글이라는 언어를 쓰는 책 월드로 강제 유학을 보낸다면 아이가 적응할 수 있을까?

마음은 유튜브 월드에 있는데, 손엔 책을 들고 딱딱한 활자를 눈에 고정해야 하는 이 시간을 달가워하는 아이들이 얼마나 될까? 아날로그형 인간으로 자라 성인이 되어 스마트폰을 접한 부모 세대조차 스마트폰이 없으면 금단 현상이 생기는데, 이미 스마트폰이 상용화된 이후에 태어난 아이들은 어떻겠는가?

3) 이메일도 안 읽는데 책을 읽으라고?

궁금한 것이 있으면 사전이 아니라 스마트폰을 꺼내 검색하는 아이들. 부모 세대와는 태생부터 다른 종족이고, 스마트 기기 없이 생활하는 것이 힘들다. 부모와는 다른 방식으로 생각하고 정보를 얻어 습득하는 세대인 것이다. 이를 빗대어 영국의 경제 전문지 「이코노미스트」는 요즘 아이들을 포노 사피엔스(Phono Sapiens)라고 했고, 교육자이자 미래학자인 마크 프렌스키(Marc Prensky)는 디지털 네이티브(Digital Native)라고 했다.

스마트 기기가 기성세대에게 도구라면 디지털 네이티브들에겐 생활이다. 냉장고가 발명된 이후 태어난 사람들이 냉장고가 있어도 되고 없어도 되는 전자제품이 아닌 생활필수품으로 받아들이는 것과 같다. 실제로 요즘 아이들 중엔 유튜브를 보면서 자막으로 한글을 깨치고 숫자 세는 법을 배우는 아이들도 있다.

아이들은 이미 유튜브를 비롯한 각종 영상 매체, SNS, 게임 등에 노출되어 있다. 그것도 예전처럼 거실로 나와 TV를 켜야 접할 수 있는 게 아니라 스마트폰으로 자신의 손바닥 위에서 언제 어디서나 접근할 수 있다.

그런데 언급한 것들은 빠르게 스토리를 풀어나간다. 1분 1초에 성패가 갈리다 보니 직관적이면서 첫눈에 강한 자극을 주는 방식으로 이야기를 풀어나가는 경우가 많다. 아이들 역시 유튜브에 자주 노출되다 보니, 이런 이야기 전개 방식에 길들어 있다.

요즘 아이들은 모르는 것, 궁금한 것이 있으면 사전을 찾아보지 않는다. 찾기도 힘들고 느리기 때문이다. 사전에서 지식 하나를 찾는 데 3~5분이 걸린다면, 포털 검색창에 궁금한 것을 입력하면 1초 만에 수많은 관련 내용들이 쏟아져 나온다. 심지어 내가 찾고자 하는 것과 연관된 내용들도 꼬리에 꼬리를 물고 노출된다.

그나마도 포털 검색창에 궁금한 것을 물어보는 아이들은 줄어들고 있다. 요즘 아이들은 궁금한 것을 유튜브에 물어본다. 유튜브도 포털 검색창처럼 1초 만에 수많은 검색 결과를 보여준다. 포털 검색창에서 알려주는 내용들은 텍스트라서 읽어야 하지만 유튜브에서 알려주는 내용은 그저 영상을 보기만 하면 되니까 아이들은 유튜브를 더욱 선호한다.

심지어 요즘 아이들은 이메일도 잘 사용하지 않는다. 아이들은 주로 모바일 메신저나 채팅앱, SNS 댓글 등으로 짧고 간결하게 소통한다. 학교나 학원에서 선생님이 아이에게 이메일을 보낸다면, 모바일 메신저로 메일을 보냈다고 알려줘야 읽어 본다. 유튜브, 틱톡, 인스타그램을 자유자재로 넘나들 정도로 뉴미디어 문물에 대한 거부감이 없지만 텍스트 기반의 이메일 사용을 잘 하지 않는 현상은 시사하는 바가 크다.

쉽고 빠르게 원하는 것을 떠먹여주는 시대에 한 글자 한 글자 천천히 곱씹으며 스스로 원하는 것을 찾아 먹어야 하는 책 읽기라니…… 아이들이 책 읽기를 지루하게 느끼는 건 어쩌면 당연할지도 모른다.

상황이 이런데 아이들에게 그저 책을 많이 읽히고 글을 쓰게 하면 4차 산업 시대에 걸맞은 사고력이 길러질까? 하고 싶은 것을 강제로 하지 못하게 하고 하기 싫은 것을 억지로 시킨다고 능률이 오를까?

세상은 바뀌었지만 강제로 책을 읽는 것도 모자라 독후감까지 써야 하는 건 여전히 고역일 것이다. 아날로그 시대, 다시 말해 신문 잡지 등 활자 문화에 익숙했던 학부모 시대의 어린 시절에도 책 읽기와 독후감 쓰기는 가장 하기 싫은 과제 중 하나였는데, 직관적이고 스피드한 시대에 최적화된 콘텐츠들을 보고 자란 아이들이 느끼는 읽기와 쓰기의 피로감은 더 클 것이다.

4) 그냥 지나쳐서는 안 되는 말 '그냥'

포노 사피엔스이자 디지털 네이티브인 요즘 아이들. 이전 세대의 아이들과는 확실히 다르고 그들만의 특징이 있다. 여러 아이들과 다양한 수업을 진행해본 결과 발견한 요즘 아이들의 공통점 중 하나. 그것은 바로 '사고의 경직'이다.

요즘 아이들은 스마트폰으로 정보의 바다 이곳저곳 누비고 다니는 만큼 지식의 폭은 넓다. 하지만 하나부터 열까지 초 스피드로 알려주는 시스템에 길들어 있어 정보를 받아들이는 태도는 수동적이다. 정보를 찾은 뒤 받아들이는 과정에서 비판적인 시각을 가지거나 하나하나 따져보지 않는 것이다. 아는 것이 많다고 했지만 사고의 경직으로 인해 지식의 깊이는 얕고 단편적이다. 탁월한 검색 능력으로 지식은 습득했지만, 지식이 생각을 만나 동서남북으로 뻗어나가야 하는데 그렇지 못하는 것이다.

그렇기에 요즘 아이들은 자신이 습득한 지식과 정보를 서론부터 결론까지 체계적으로 정리하고 요약할 줄 모른다. 정보를 찾으면 그 내용을 파악해서 이해하고 결론을 내고 필요한 부분을 찾아 다른 곳에 응용해야 하는데, 이 일련의 행위를 어려워하거나 엄두조차 내지 못하는 경우가 많다.

수업할 때 영화 보기 숙제를 종종 내주는데, 이 숙제의 준비 과정인 영화 시청은 대부분 열심히 한다. 그런데 다음 시간에 영화 줄거리를 요약해서 글로 써보라고 하면 제대로 쓰는 아이들이 많지 않다. 길고 장황하게 이야기를 늘어놓지만 줄거리의 중요한 내용이 빠지는 경우가 많거나,

아예 영화의 핵심을 파악하지 못하는 일도 있었다. 영화 앞부분만 열심히 이야기하고 뒤로 갈수록 흐지부지되는 일도 있었다.

상황이 이렇다 보니 논리적이고 종합적인 사고, 더 나아가 창의적인 사고를 기대하긴 어렵다. 정보를 접하면 궁금해하거나 의심하고 사실과 오류 여부를 따지기보다는 있는 그대로 받아들인다.

아이들이 가장 자주 하는 말은 '유튜브에서 봤어요'다. 심한 경우 유튜브를 너무 맹신해서 유튜브에 나온 내용이 무조건 진실이라고 믿기도 한다. 그나마 콘텐츠에 대해 비판적인 의견을 내는 아이들도 '싫은데요'라는 대답이 전부다. 왜 싫은지가 빠져있고, 이를 물어볼 경우 '그냥'이라는 대답이 곧바로 돌아온다. '왜'에 대한 생각이 부족한 정도가 아니라, 아예 '왜'라는 고민 자체를 하지 않는 것이다.

영어 랩까지 있는 아이돌 그룹의 노래 가사는 줄줄 외우고 각종 전략을 총동원해 게임 속 난관은 극복하지만, 학습한 내용은 두세 번씩 봐도 잊어버리고 글쓰기는 한두 줄 쓰다 이내 포기해버리는 이유도 여기에 있다.

이는 초등학교 저학년만의 문제도 아니다. 고학년의 경우에도 '왜 주인공이 파란색 옷을 입었을 거라고 생각했니?'라고 물어볼 때 '파란색을 좋아해서요', '어울릴 것 같아서요'라고 대답한다. 그나마 이런 대답이라도 하면 양호하다. '그냥'이라고 대답하는 아이들이 많고, '왜'라고 재차 물으면 대답조차 못하거나 '아 몰라요'라고 상황을 모면하려는 아이들도 있다.

분명한 것은 우리 아이들을 그냥 이대로 두어서는 안 된다는 것이다. 단지 어려서 그런 것이라고 치부하고 넘어갈 수 없는 상황이다. 아이의 사고력 발달에도 골든타임이 있기 때문이다. 생각하지 않는 아이들의 사고력은 이대로 굳어질 수 있다. 특히 스스로 생각해내는 힘이 부족하면 무언가를 생각해야 할 때 의존적으로 될 수 있는데 이를 해결해 줄 사람은 결국 자기 자신이다.

TOLution
'그냥' 사용금지

자기 생각을 묻는 말에 '그냥'이라고 답하는 아이들. 하지만 생각이 아예 없을 수는 없다. 생각을 표현하기 귀찮거나 주저하기 때문이다. 이를 방지하기 위해선 '그냥'이라는 단어 사용을 금지하는 규칙을 정하는 것이 좋다. 아이가 '그냥'이라는 말을 하지 않는 대신 부모도 다그치거나 대답을 재촉하지 않는 것이 좋다.

유튜브의 시대, 왜 글쓰기인가

1) 왜 책이 아닌 유튜브인가?

아이들의 사고력을 키워주는 교육 방식도 요즘 아이들의 특성을 바탕으로 해야 한다. 유튜브가 검색창이자 백과사전이며 교과서인 디지털 네이티브, 포노 사피엔스를 위한 교육은 기존 텍스트 위주의 교육과는 달라야 한다.

그런데, 상극일 것 같은 유튜브를 보는 행위와 책을 읽는 행위에 교집합이 존재한다는 점에 주목할 필요가 있다. 필자는 유튜브를 비롯한 영상 콘텐츠, 뉴스, 심지어 게임을 통해서도 책 읽기와 독후감 쓰기를 통해 얻고자 하는 교육적 효과를 얻을 수 있다고 강조하고 싶다.

책 그리고 유튜브 영상 모두 기승전결 스토리 구조로 되어 있다. 이야기를 시작해서 펼쳐나가다 반전, 혹은 어떤 계기를 맞이하고 문제가 해결되며 이야기를 끝맺는 등 체계를 갖춘 스토리를 바탕으로 한다는 말이다. 겉모습만 다를 뿐, 이야기를 풀어가는 방법이 비슷한 만큼 유튜브에서도 책 읽기를 통한 교육효과를 기대할 수 있는 것이다. 유튜브를 보는 아이도 책 읽는 아이 못지않은 사고력을 가질 수 있는 이유이다.

책처럼 활자로 된 콘텐츠는 아니지만, 영상 속, 음악 속 핵심 내용을 파악하고 이를 바탕으로 자기 생각을 정리하고 완성하는 것이다. 그리고 이 사고력은 글을 쓰는 힘으로 이어지고, 토론의 밑바탕이 되며, 더 나아가 종합적인 사고와 창의적인 사고를 할 수 있는 원천이 되어줄 것이다.

특히 우리가 다루고자 하는 콘텐츠들은 이미지와 영상 위주로 표현하기 때문에 기호와 상징을 많이 사용한다. 글이 직접적으로 이야기하지 않고 에둘러 표현하거나 다른 것에 비유하거나 숨겨놓는 경우가 많은 것과 같다. 영상 창작자의 이런 의도를 파악하는 것도 사고력을 키우는 데 도움이 되며, 창의성을 기를 수 있다.

책 읽기 실랑이로 골든타임을 놓치는 것보다 좋아하는 분야에서 사고력을 키워 독서의 효과를 보자는 것이다. 생각이 자라면 책 읽기도 수월해지는 만큼 생각이 자라고 관심사가 늘어날 때 관련된 책으로 연결하면 된다. 그래도 책이 싫다면 오디오북을 들려주면 되고, 그것조차 싫다면 이 책에서 언급한 학습 방법을 심화시켜 교육을 이어나가면 된다.

그렇기에 '유튜브부터 시작하자'라는 이 파격적인 주장엔 전제가 붙는다. 단순히 유튜브를 보고 게임을 하고 끝내는 것이 아니라 반드시 후속 활동으로 이어주고, 그 속에서 생각이 자라야 한다는 것이다. 4차 산업 시대에 필요한 인문학적 소양이라는 다소 거창해 보이는 이 덕목도 우리 책의 방향과 궤를 같이한다.

2) 청개구리 부모가 되자

'유튜브부터 시작하자'라는 말을 듣고 가장 먼저 떠오르는 생각은 '공부에 방해되면 어쩌지', '저러다 중독되면 어쩌지'라는 생각일 것이다. 그런데 냉정하게 생각해보자. 집에서 유튜브를 못 보게 한다고 아이들이 유튜브를 접할 방법이 없을까? 어차피 스마트폰은 물론 다양한 스마트 기기와 떼려야 뗄 수 없는 세상이 도래한 만큼 아이에게도 효과적인 이용법을 알려주는 게 더 바람직할 것이다.

필자는 IT 전문가도 아니며 유튜브 채널을 운영하지도 않는다. 유튜브도 필요한 만큼 취사선택해서 보고 있다. 중독은커녕 필요한 정보를 빠르게 찾는 유용한 도구로 활용하고 있는 것이다. 유튜브가 결코 해가 되지 않으며, 스마트폰에 시간을 빼앗기지도 않는다. 심지어 스마트폰을 활용해 이것저것 하다가 새로운 아이디어를 얻기도 한다. 이 책을 보고 있는 부모들도 마찬가지가 아닐까? 아이들이라고 해서 다를 건 없다.

특히, 사고력 증진을 위한 교육 내용도 중요하지만 교육 내용을 담는 틀도 중요하다. 애플 수석 고문인 존 카우치(John Couch)는 제이슨 타운(Jason Towne)과 공동 집필한 『교실이 없는 시대가 온다』[1]에서 "수동적 교육모델이 아닌 능동적인 학습모델이 필요하며, 현시대 아이들 특성에 맞는 학습 내용과 기술의 연결은 매우 중요하다"고 강조했다. 이 책도 이런 고민에서부터 출발했다.

그래서 이 책을 통해 과감히 반기를 들어볼까 한다. 자녀를 둔 부모님들께 간언한다. 유튜브도 보게 하고 만화와 영화도 보게 하고 게임도 하

---

1) 존 카우치, 제이슨 타운 공저, 김영선 역, 『교실이 없는 시대가 온다』, 어크로스

게 하자고. 아날로그 시대의 교육관으로 디지털 네이티브 아이들을 가둬두지 말자고. 4차 산업 시대에 걸맞은 사고력을 기르기 위해 모두가 유튜브를 보지 말고 책을 읽으라고 할 때, 유튜브부터 보게 하는 청개구리 부모가 되자고.

3) 그럼에도 불구하고 글쓰기다

그렇다면 책 읽기와 독후감 대신 유튜브를 비롯한 각종 영상을 보는 것만으로 사고력을 기르기에 충분할까? 유감스럽게도 그렇지 않다. 아이들이 좋아하고 좀 더 익숙한 소재로부터 시작한다는 의미이지, 글쓰기까지 건너뛰어도 좋다는 이야기는 아니다. 책 읽기→글쓰기라는 전통적인 방식에서 탈피해, 유튜브를 비롯한 디지털 콘텐츠 활용→글쓰기를 하자는 것이다.

종합적 사고력을 기르기 위한 수단으로서 글쓰기 교육은 여전히 유효하다. 보고 들은 것을 이해하고 내 것으로 만들며, 더 나아가 나만의 관점에서 나만의 생각을 갖고 그 생각을 뻗어나가게 하는 데 글쓰기만큼 좋은 것은 없기 때문이다.

생각은 빠르다. 직관적이고 즉흥적이다. 즉흥적으로 여러 가지 생각이 떠오르기 때문에 체계적이지 않다. 더구나 휘발성도 강하다. 아무리 좋은 생각을 떠올린다고 하더라도 시간이 지나면 이를 완벽히 복원할 수 없다. 유창하게 말하는 것과 조리 있게 말하는 것은 다르다. 말을 잘하니 자기 생각도 많고 정리도 잘하리라는 것은 어른들의 착각이다.

더구나 글은 생각과 다르다. 떠올렸던 생각을 글로 옮기면서 헝클어진 생각을 정리하고 체계를 잡을 수 있으며, 첫 생각 당시 미처 생각하지 못한 것을 추가로 떠올리거나 처음 했던 생각들 중에서 오류를 바로잡을 수도 있다. 자기 생각을 토대로 글쓰기까지 마쳐야 비로소 생각을 완결 지을 수 있고 자신만의 관점과 견해를 가질 수 있게 되는 것이다. 머릿속에서 꺼내 본 생각을 정리해 완전한 내 것으로 만들기 위해서는 반드시 글쓰기가 동반되어야 한다. 표현하지 않는다면 생각은 생각으로만 남게 된다.

이처럼 글쓰기는 아이들의 생각 깊이와 생각의 조합 능력을 판단하기에 가장 좋은 수단이다. 무엇보다 글쓰기는 집중력이 요구되는 행위다. 영상을 보거나 책을 읽을 때는 한눈파는 행동이 가능하지만, 글을 쓰기 위해선 자기 생각을 오롯이 글에 집중시킬 수밖에 없다.

때문에 생각을 글로 써서 풀어내는 능력은 학습에도 큰 영향을 미친다. 글을 쓰면 집중력을 높일 수 있고 학습 내용의 순서와 체계를 잡는 힘이 생긴다. 학습 내용 파악을 보다 수월하게 할 수 있을 뿐만 아니라 이해도도 높일 수 있기에 글을 쓰면서 학습을 하면 자기 주도 학습도 가능하고 학습의 능률도 높일 수 있다.

또한 글쓰기로부터 도망치고 싶어도 그렇게 할 수 없다. 대입 논술과 자소서 등 입시에 직결되는 사항들은 전부 글쓰기를 바탕으로 하고 있고, 학교 교육도 아직은 교과서를 비롯한 텍스트 중심이기 때문이다. 대학입시에서 논술이 당락을 좌우하는 건 이미 오래된 일이고 고입에서도 자기소개서, 독서 이력 등을 주요 전형자료로 요구하는 학교들이 늘어나고 있다. 학교 시험에서도 서술형 문항 비중이 늘어나는 추세다. 수업 시간에도 선생님의 일방적인 강의는 점차 사라지고 있고 수업 내용을 바탕으로 자기 생각을 종합해서 발표하는 시간이 늘어나고 있다.

글쓰기는 수능 시험 이후에도, 아니 평생을 따라다닌다. 대학 입학 후엔 리포트와 논문을 작성해야 하고, 취업 후엔 보고서와 기획서를 작성해야 한다. 심지어 개인 SNS도 전부 글을 써야만 가능하다.

유튜브를 비롯한 각종 영상 콘텐츠를 활용하기 위해서도 글쓰기는 필수적이다. 영상 콘텐츠는 글로 된 기획안, 구성안 등을 발전시켜 영상으로 만든다. 방송사 프로그램 제작진에 PD와 카메라맨 이외에 방송작가가 왜 있는지를 생각해보면 이해가 빠를 것이다. 스마트 기기 전용으로 만드는 뉴미디어 뉴스 생산자가 기자인 것도 같은 이유다.

하지만 사고력 측정 수단인 글쓰기를 독후감, 혹은 논술로 국한하니 아이는 아이대로 글쓰기가 싫고, 글쓰기를 시키는 엄마는 엄마대로 애를 먹는다. 그렇게 작성된 글로 아이의 사고력을 판단하고, 더 나아가 사고력을 키우는 것은 어불성설이다. 글쓰기가 하기 싫은 것, 지루한 것으로 인식된 경우가 많은 만큼 뉴미디어 콘텐츠로 시작해 글쓰기 소재에 대한 장벽을 낮추고 글쓰기에 대한 인식 전환을 하는 것이 좋다. 처음부터 글쓰기를 할 것이 아니라, 유튜브든 영화든 관심을 가지는 소재를 통해 자유롭게 생각하고 표현케 한 뒤 그 결과물로서 글을 작성시키는 것이 바람직하다.

필자가 여러 학생을 가르치다 보니 학부모들과 만날 기회들이 많은데 공통으로 발견되는 점들이 있었다. 글쓰기 교육의 중요성과 필요성에 대해서는 학부모 모두 공감했지만, 이 수업을 통해 지향하는 것이 무엇인지, 무엇을 얻을 수 있는지, 어떤 점이 좋아지는지 명확히 이해하고 실천에 옮기는 경우는 드물었다.

그저 게임하고 유튜브 볼 시간에 수업을 하고, 책을 읽고, 글을 쓰니 그 자체로 안심하는 학부모들이 많았다. 책에 대해선 다다익선이 좋다고 생각하거나 계속 책을 읽고 글을 쓰다 보면 몸에 배고 실력이 늘 거로 생각하기도 했다.

글쓰기 교육의 필요성은 인식하면서도 교육을 주저하는 경우도 있었다. '글쓰기=논술'이라는 고정관념을 가지고 있는 것이었다. 글쓰기가 곧 논술이고 '논술'이라는 단어가 주는 딱딱함 때문인지 '벌써 교육을 할 필요가 있을까, 좀 더 있다 시켜야지'라고 생각하는 경우가 많았다. 다른 과목에 밀려, 그리고 사교육비 지출 부담 때문에 글쓰기 교육이 우선순위에서 밀리는 것이다. 하지만 글쓰기가 꼭 논술일 필요는 없다. 특히 글과 친하지 않은 경우엔 더욱 그렇다.

습관 형성이 되어 있지 않은 채 나중에 시작하면 그만큼 힘들다. 특히 학년이 올라갈수록 학과 공부 때문에 글쓰기에 투자할 시간은 더욱 부족하다. 아울러 글쓰기는 아이와 부모 모두에게 인내심이 요구되는 행위다. 당장 글 몇 편 쓰고 사고력 훈련 몇 번 했다고 필력과 사고력이 눈에 띄게 좋아지지는 않는다. 그렇다고 포기하면 안 된다. 가시적 성과가 없더라도 기다려줄 수 있어야 하고, 일상생활처럼 꾸준히 지속할 환경을 만들어줘야 한다.

글쓰기를 해야만 하는 이유

글쓰기는 아이들의 생각 깊이와 생각의 조합 능력을 판단하기에 가장 좋은 수단이다. 영상을 보거나 책을 읽을 때는 한눈파는 행동이 가능하지만, 글을 쓰기 위해선 자기 생각을 오롯이 글에 집중시킬 수밖에 없다. 이에 글쓰기는 자기 주도 학습을 가능케 하고 학습의 능률도 높여준다.

차이점을 알면
활용법이 보인다

이 책에서는 '부모님들은 꺼리지만 아이들이 좋아하는 콘텐츠'들이 어떻게 아이들이 흥미를 느낄 수 있는 글감이 되고, 종합적이고 창의적인 사고력을 키울 수 있는 소재가 되는지를 다루고자 한다.

필자는 교육 전공자도 아니고 전문가도 아니다. 하지만 오히려 전공자의 시각을 벗어나 학부모와 아이들의 눈높이에서 좀 더 유심히 관찰했다. 어느 것을 지루해하고 어느 것을 좋아하는지를 경험을 통해 체득했고, 그 경험에 글을 업으로 삼는 사람으로서의 노하우를 더했다.

관심 없고 흥미를 전혀 느끼지 못하는 것을 억지로 시키기보다는 관심사에서부터 출발해 다양한 생각들을 떠올리고, 그 생각들이 스쳐 지나가지 않도록 잡아 차곡차곡 자신만의 공간에 채워놓고, 채워놓은 생각들을 일목요연하게 정리하며, 정리된 생각으로 생각을 발전시키고, 논리력을 기르며, 창의적인 생각을 할 수 있는 힘을 기르는 것이 이 책의 핵심 내용이다. 그렇게 길러진 생각하는 힘을 발휘해 자신만의 독창적인 견해를 갖고 다른 사람의 생각과 비교 대조해 보고, 이를 토대로 종합적인 사고를 기르는 것이 이 책의 목적이다.

1) 논술 지도서가 아니라 생각 지도서다

그렇기에 '유튜브를 활용한 TOL 글쓰기'라는 제목을 달고 있지만 이 책은 논술 지도서가 아니다. 굳이 표현하자면 '생각 지도서'다. 유튜브를 비롯해 다양한 영상을 시청하지만, 단순히 보는 것이 아니라 영상의 의미를 읽어내고 해석하고 나만의 생각을 갖는 능력을 기르는 책이다.

그리고 이를 바탕으로 한 글쓰기는 분량 채우기가 아니라, 특정 주제나 사물, 사람에 대한 자기 생각과 핵심 가치를 만드는 행위다. 그렇게 자신만의 생각이 갖춰지면 독서도 글쓰기도 더 나아가 논술도 가능해진다. 글쓰기의 기초이자 토대가 되는 나만의 생각, 그 생각을 완성하기 위해 아이들에게 좀 더 익숙한 유튜브부터 활용하자는 것이다. 이 과정에속에서 글로 내 생각을 표현하는 것이 재미없고 딱딱하고 지루한 것이 아님을 깨닫게 할 예정이다. '글쓰기=지루한 것'이라는 고정관념만 타파해도 절반 이상은 성공이다.

아울러 이 책에서의 글쓰기는 양보다는 질에 초점을 맞추려 한다. 책 후반부에 구성된 독서 논술의 경우도 글쓰기 스킬, 대입 논술 고사를 위한 수단으로서의 논술을 말하는 것은 아니다. 아이들의 생각을 더 논리적이고 잘 표현하기 위한 방법일 뿐이다.

2) 리터러시 교육 적극 활용

또한, 이 책에서는 리터러시 개념을 적극적으로 반영했다. 스마트폰의 대중화와 유튜브 열풍으로 어린이 뉴미디어 교육이 활발히 진행되고 있다. 관련 강의나 서적도 늘어나고 있다. 그런데 어린이 뉴미디어 교육 중 상당 부분은 코딩에 치중되어 있다는 문제가 있다.

예를 들어 수에 대한 개념, 사칙연산의 원리와 이해가 부족한 아이가 있는데 계산을 잘 못 한다고 계산기 만드는 법을 가르치면 어떻게 되겠는가? 이 아이에게 필요한 건 계산기를 만드는 것이 아니라 수와 사칙연산의 원리 이해이다.

뉴미디어 교육도 마찬가지다. 뉴미디어를 어떻게 활용하고 비판적으로 수용할 것인지를 가르치는 것이 필요한 것이지 뉴미디어에 사용되는 컴퓨터 언어를 가르칠 필요가 없는 것이다. 이 책에서는 다양한 뉴미디어 콘텐츠들을 활용해 생각을 자극할 것이다. 그리고 그 자극을 이용해 논리적, 창의적 사고와 연결하는 법도 공개한다. 이런 과정을 통해 생각을 정리해서 표현하는 방법을 배울 수 있게 한다.

특히 스마트폰, 태블릿, TV, 영화, 웹툰 등 여러 플랫폼에서 텍스트 영상 사진 그림 음성 등 다양한 형태의 콘텐츠를 접한 뒤 자기 생각과 의견을 덧붙여 표현하고 활동하는 디지털 리터러시 활동을 통해 다양한 콘텐츠를 접하고 받아들이는 수용적 태도와 비판적 사고를 키워나가게 할 것이다.

3) 미디어에 대한 혜안 기르기

다양한 콘텐츠를 활용하는 만큼 콘텐츠를 생산해 내는 미디어에 대한 혜안도 꼭 필요하다. TV, 신문, 라디오라는 매스미디어만 있던 시대와는 달리 요즘은 그 수를 헤아릴 수 없을 만큼의 미디어가 존재한다. 이 문제에 대해서는 필자의 커리어를 고스란히 녹여냈다. 16년간 잡지사, 신문사, 방송사 기자 생활을 거친 만큼 언론의 가짜뉴스 구별법, 한 가지 이슈에 대한 관점이 다른 여러 기사 비교 분석 등을 통해 옥석을 가려내는 시각도 키운다.

하지만 어렵고 딱딱한 신문 기사와 사설을 발췌해 강제로 읽히는 행위는 옳지 않다. 아이들이 재미있어할 만한 아이에게 맞는 맞춤형 기사 선택은 물론 시사만화와 만평, 사진기사, 영상 기사, 카드 뉴스에 이르기까지 다양한 자료를 활용해 학습에 흥미를 높이는 법을 알려준다.

아울러 글쓰기 지도사 및 NIE(Newspaper in Education) 자격증을 소지한 필자이기에 흥미를 높이는 데에서 끝내지 않고 기사와 칼럼을 활용한 논술 주제 선정은 물론, 토론과 발표하기에 대한 노하우도 공개한다.

4) 디지털 유목민을 위한 방목형 교육

이 책에서는 자녀의 관심사로부터 교육을 시작하되 TMI(Too Much Information, 정보과잉) 시대인만큼 불필요한 정보를 거르고 지나치게 많은 정보로 아이에게 부담을 주지 않는 방법도 다룬다.

정보의 바다에 빠질 수밖에 없는 시대, 공부에 해롭다며 수영하지 못하게 막기보다는 잘 헤엄칠 수 있도록 돕기 위함이다. 오염된 바다인지, 수심이 너무 깊지 않은지, 장애물이 있지는 않은지 판단해 잘 헤엄칠 수 있도록 돕고자 한다.

노벨 문학상 수상자인 아일랜드의 시인 윌리엄 버틀러 예이츠(William Butler Yeats)는 "교육이란 들통을 채우는 일이 아니라 불을 지피는 일"이라고 언급했다. 아이들이 좋아하는 땔감을 쌓아 채우고 아이가 자신의 역량으로 불을 피워 땔감을 태울 수 있도록 도와야 한다.

그렇기에 이 책을 읽는 부모님들도 아이를 통제하는 것이 아니라 방목을 시키되 아이가 정확한 판단을 내릴 수 있게 도와주는 조력자가 되길 바란다. 정보의 바다에서의 활동을 유도하고 지나치게 많은 정보를 소비하지 않게 제어하는 사람이 되는 것이 좋다.

아이를 위한 교재는 많다. 학부모가 가져야 할 태도를 언급한 책도 많다. 하지만 부모를 '내 아이를 위한 맞춤형 선생님'으로 만들어주는 책은 없다. 아이를 가장 잘 아는 건 학교 선생님도, 학원 강사도 아니다. 부모다. 이 책은 내 아이를 위해 부모가 먼저 읽어 보고 개념을 이해한 후, 아이들 사고력 키우기의 조력자로 전환하는 책이다.

이 책 한 권으로 부모들은 우리 아이 사고력 키우기를 직접 도와줄 수 있다. 어떤 영상을 보여줄 것인지, 어떤 글쓰기 주제가 좋을지, 토론 진행은 어떻게 할 것인지, 첨삭 지도는 어떻게 하는 것이 효과적인지 알려주면서 자녀와 상호 소통하는 방법을 제시한다.

글쓰기를 통한 종합적 사고력 배양은 단기간 내에 이뤄질 수 없다. 그렇기에 자신이 좋아하는 콘텐츠로 꾸준히 장기간 연습하는 것이 중요하다. 구호와 정책은 바뀌어도 여전한 주입식 교육만으로 우리 아이의 종합적인 사고력을 기르는 데엔 한계가 있다. 이에 이 책을 통해 부모님들이 잔소리꾼이 아닌 우리 아이의 훌륭한 조력자가 될 수 있기를 바라며, 모쪼록 이 책이 4차 산업 시대에 걸맞은 사고력을 키울 수 있는 안내서 가 되기를 희망한다.

생각의 키가 쑥쑥 자라는
TOL 글쓰기

1) TOL :
생각하고(Think) 정리하고(Organize) 내보내자(Leave)

아이들이 자신의 관심사에 대해서 다양한 이야기를 늘어놓는 모습을 본 적이 있을 것이다. 이 모습을 지켜보며 '우리 아이는 사고력이 풍부하구나'라고 생각할 수도 있다. 하지만 이것저것 여러 가지 생각을 하는 것과 생각을 체계적으로 조립하는 것은 다르다. 생각의 양이 많다고 그것이 곧 생각의 힘, 사고력으로 이어지지는 않는다는 것이다. 중요한 것은 생각의 질이다.

사람이나 사물, 어떤 현상에 대해 제약 없이 최대한 많은 생각을 한 뒤에 이를 체계적으로 정리하고, 정리된 생각을 바탕으로 견해를 더해 자신만의 생각을 완성하고 응용하는 것, 이것이 생각의 힘이자 이 책에서 말하는 종합적 사고력이다.

애플 수석 고문 존 카우치(John Couch)도 자신의 저서 『교실이 없는 시대가 온다』[2]에서 "학습은 인출(사실 찾아내기), 암기(기억하기), 이해(활용하기)라는 세 가지 서로 다른 일이 모여 일어나는 활동이다. 오늘날에는 기술이 인출을 극히 쉽게 만들었고 암기는 거의 쓸모없게 만들었다. 이젠 이해만 남았는데, 이해는 이 요소들 가운데 가장 중요하다"고 밝혔다.

---

2) 존 카우치, 제이슨 타운 공저, 김영선 역, 『교실이 없는 시대가 온다』, 어크로스

즉, 지식을 암기하는 것이 아니라 지식을 어떻게 활용할지가 중요해졌다. 암기식 공부와 객관식 시험해 익숙해진 상태에서 대학교에 진학한 뒤 오픈북 시험을 치르고 당황한 경험이 있을 것이다. 앞으론 암기한 것을 답안지에 잘 쓰는 아이가 아닌 오픈북 시험을 잘 보는 아이가 그것도 단순히 책이 아닌 엄청나게 넓은 인터넷 바다를 잘 헤엄치는 아이가 성공하는 시대다.

이에 이 책에서는 다양한 콘텐츠를 활용해 '그냥'이라는 대답 이상의 생각을 할 수 있도록 자극을 주고, 그렇게 나온 생각들을 모아 채워 넣고, 채워 넣은 생각들을 정리하고, 정리된 생각을 바탕으로 다양한 활동을 통해 생각을 발산시킬 것이다.

채워 넣고, 정리하고, 정리된 생각을 꺼내서 활용하는 공간, 그 공간을 '생각의 방'이라고 칭한다. 이 책의 흐름도 '생각의 방 채우기→생각의 방 정리하기→생각의 방 탈출하기'의 순서로 진행한다.

이 흐름을 활용한 학습법이 바로 TOL 글쓰기이다. TOL은 Think-Organize-Leave의 알파벳 앞 글자를 딴 용어로, 생각을 시작하고 생각의 방을 만들어 채우는 작업(Think), 생각의 방을 정리하고 생각을 조직하는 작업(Organize), 글쓰기를 비롯한 다양한 활동을 통해 머릿속에 있는 생각을 발산하면서 생각의 방을 탈출하는 작업(Leave) 전반을 의미한다. 이 책에서는 TOL 글쓰기의 전반적인 과정들을 통해 생각을 시작해서 완결할 수 있는 능력을 기르고, 그 바탕 위에 창의력과 논리력을 더하고, 토론을 하고 논리적인 글을 작성하는 단계까지 나아갈 것이다.

생각의 방

생각의 방 :
다양한 뉴미디어 콘텐츠를 접한 뒤 이에 대한 자기 생각을 모아놓은 공간.
자유롭게 채워 넣고, 정리하고, 내보내는 활동이 바로 TOL 글쓰기이다.

2) TOL 글쓰기의 단계별 생각과 활동

TOL 글쓰기에서 단계별로 요구되는 생각, 그에 따른 활동을 정리해
보면 다음과 같다.

생각의 방 채우기 T(Think)	생각의 방 정리하기 O(Organize)	생각의 방 탈출하기 L(Leave)
· 생각 꺼내놓기(시작하기)	· 생각 정리	· 생각 완성하기
· 풍부한 사고	· 체계적인 사고	· 종합적인 사고 창의적 사고
· 다양한 소재 모으기	· 마인드 맵 워크플로워	· 기승전결훈련 이야기 나무 창의성 키우기
· 글감의 다양성	· 글의 완결성	· 글의 완성도

먼저, 첫 단계인 생각의 방 채우기에서는 자유로운 분위기 속에서 풍
부하고 다양한 생각을 하게 만들어주는 것이 중요하다. 최대한 다양하
고 많은 생각들을 꺼내놓게 하고, 이를 여과 없이 생각의 방에 쌓아두
는 것이다.

활동 주제에 대해 생각할 때 형식이나 내용에 제약을 둘 필요는 없다. 시간을 정할 필요도 없고, 부모가 정답을 정하거나 원하는 답을 유도할 필요는 더더욱 없다. 처음 생각하는 단계부터 제약을 두면 생각이 잘 떠오르지 않거나 생각이 꼬리에 꼬리를 물고 이어지지 않는다.

그저 머릿속에서 떠오르는 그대로 자유롭게 생각하게 하고 이를 여과 없이 기록해서 생각의 방을 채우면 된다. 뒤죽박죽 섞여 있어도 걱정할 필요는 없다. 다음 단계인 생각 정리 단계에서 체계적으로 일목요연하게 정리할 것이기 때문이다. 정리할 것을 걱정한다면 생각을 주저하게 된다.

다음 단계인 생각의 방 정리하기는 말 그대로 생각의 방을 가득 채운 정보와 생각의 조각들을 일목요연하게 정리하는 것이다. 생각의 방 채우기 단계에서 자유롭게 생각하고 활동했다면, 이 단계에서부터는 체계를 잡아가는 것이 좋다. 생각의 방 안에 좋은 정보와 생각의 조각들이 가득 찼다고 해도 이를 제대로 정리해놓지 못하면 향후 활동에 어려움을 겪을 수 있기 때문이다.

특정 주제별로 모아놓은 정보와 생각의 조각들을 헤쳐모여 시켜도 좋고, 정보와 생각의 조각들 간 공통점과 차이점 등을 이용해 정리를 시켜도 좋다. 특히 생각의 방 정리 단계에서는 마인드 맵, 워크플로위 등 생각을 정리할 때 유용하게 사용할 수 있는 도구들의 사용법도 익혀볼 예정이다.

마지막 단계인 생각의 방 탈출은 채우고 정리했던 생각을 완성하는 단계다. TOL 글쓰기의 최종 단계로서 글쓰기를 비롯한 다양한 활동을 병행한다. 특히 이 단계에서는 막연히 떠오르던 생각을 머릿속에서 꺼내서 방을 채우고, 그것을 정리하고, 글쓰기 등 탈출 활동까지의 모든 과정을 아우르면서 종합적인 사고력을 기른다.

중요한 것은 현 단계에서의 활동이 미흡한데 다음 단계로 넘어가서는 안 된다는 것이다. 생각의 방을 제대로 채우지도 못했는데, 생각의 방 정리 단계로 넘어가 봐야 정리할 정보와 생각의 조각들도 별로 없는 데다 정리과정을 통해 생각의 체계를 잡는 것이 큰 의미가 없기 때문이다. 마찬가지로 생각의 방 정리가 제대로 되어 있지 않은데 생각의 방 탈출 활동을 한다면, 활동 주제를 잡기도 어려울 뿐만 아니라 활동의 효과를 보기도 어렵다.

따라서 부모는 단계마다 아이가 잘 이해하고 소화하는지를 판단해야 하며, 미흡할 경우 다양한 방법을 동원해서 현 단계에서의 활동에 어려움을 겪지 않도록 해야 한다. 아울러 다음 단계로 넘어갔다고 해도 수시로 이전 단계에서 했던 활동을 복습시키는 것도 중요하다. 이 과정을 순서도로 표현해보면 아래와 같다.

TOL 글쓰기 전체 순서도

━━━━━ 예
━━━━━ 아니오

TOL 시작

생각의 방 채우기 시작

규제비(사용규칙, 제어, 비판) 준비되었나?

규제비 보강

방채우기 활동 시작

활동 주제는 정했나?

대화 / 아이 기질에 맞는 활동 선택

디지털 콘텐츠 활용   미디어 콘텐츠 활용

| 유튜브 | 영상 (TV, 영화) | 게임 | 오디오북, 웹툰 | 기사 |

영역별로 무엇을 볼지(할지) 결정했나?

생각의 방이 가득 채워졌는가?

내용은 주제를 잘 반영했나?

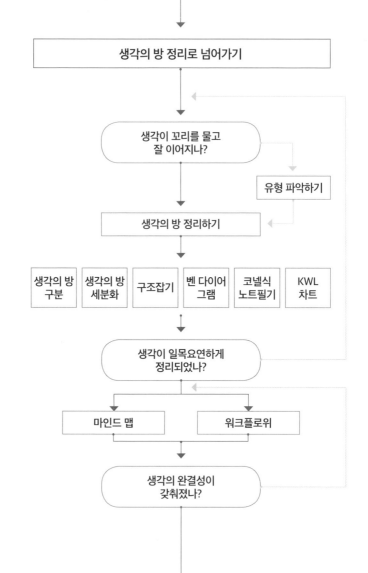

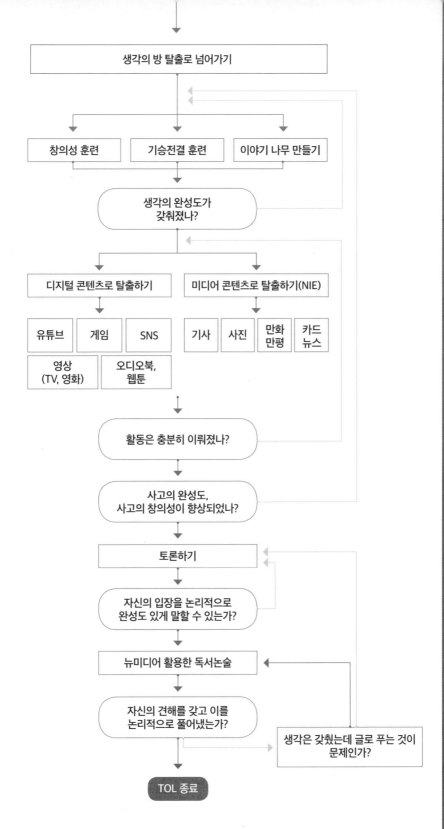

생각의 방 탈출로 넘어가기

창의성 훈련　　기승전결 훈련　　이야기 나무 만들기

생각의 완성도가
갖춰졌나?

디지털 콘텐츠로 탈출하기　　미디어 콘텐츠로 탈출하기(NIE)

유튜브　게임　SNS　　기사　사진　만화
만평　카드
뉴스

영상
(TV, 영화)　오디오북,
웹툰

활동은 충분히 이뤄졌나?

사고의 완성도,
사고의 창의성이 향상되었나?

토론하기

자신의 입장을 논리적으로
완성도 있게 말할 수 있는가?

뉴미디어 활용한 독서논술

자신의 견해를 갖고 이를
논리적으로 풀어냈는가?

생각은 갖췄는데 글로 푸는 것이
문제인가?

TOL 종료

CHAPTER 2

TOL 글쓰기 첫 번째 :
생각의 방 채우기(Think)

생각의 방 채우기는 한 마디로 소재 찾기다. 시작이 반이라는 말처럼 생
각의 방에 좋은 소재들이 채워져야 생각의 방 정리도, 방 탈출도 효과적
으로 할 수 있다. 좋은 정보를 찾는 방법은 많다. TMI라는 말이 나올 정도
로 정보가 차고 넘치는 시대. 유튜브, TV 등에서 소재를 찾는 만큼 정보
의 바닷속에서 진주를 캐내 보자.

디지털 리터러시와
방 채우기

¹⁾ 디지털 리터러시란?

리터러시는 텍스트(문자)로 된 자료를 읽고 지식이나 정보를 이해한 뒤, 이를 개인의 생각이나 언어로 표현하는 행위를 뜻한다. 특히 리터러시는 기술의 발달과 맞물려 미디어 리터러시, 디지털 리터러시 등으로 의미가 확장되고 있다.

미디어 리터러시는 미디어와 관련된 리터러시, 즉 TV, 신문 등의 다양한 매체에서 텍스트를 비롯해 영상 뉴스, 사진 기사 등 다양한 형태의 뉴스를 접한 뒤 자기 생각과 의견을 덧붙이고 표현하는 활동을 뜻하게 된다.

디지털 리터러시는 전통적 미디어 이외에 유튜브, SNS 등 디지털 콘텐츠에 자기 생각과 의견을 덧붙이고 표현하는 활동이라고 할 수 있다.

아직 디지털 리터러시, 미디어 리터러시의 개념과 범위와 완전히 정착된 것은 아니다. 리터러시를 연구하는 학자들 중 일부는 디지털 리터러시 안에 미디어 리터러시를 포함하기도 하고, 일부 학자는 이 두 가지를 구분해서 사용하기도 한다.

리터러시에 대한 주요 개념

· **리터러시** : 문자로 기록된 자료를 읽고 지식과 정보를 얻으며, 개인의 생각과 연결해 표현하는 것

· **디지털 리터러시** : 디지털화된 콘텐츠(영상, 사진, 그림, 음성 등 다양한 형태의 콘텐츠)를 다양한 스마트 기기를 이용해 접한 뒤, 이를 자신만의 시각에서 해석한 뒤 영상, 사진, 음성 등 다양한 방식으로 표현하는 것

· **미디어 리터러시** : 신문, TV 등 미디어 뉴스를 통해 정보를 얻고 이해하며, 이를 개인의 생각과 연결해 표현하는 것

올드미디어에 속하는 신문과 TV도 뉴미디어화에 박차를 가하고 있고, 유튜브, SNS 등 뉴미디어 플랫폼도 올드미디어의 콘텐츠를 다루는 등 과거에 나눠왔던 경계는 허물어지고 미디어 간 융합이 일어나고 있는 만큼 이들을 명확히 구별하기는 어렵다. 다만, 이 책에서는 다양한 리터러시 활동을 위해 유튜브 등의 콘텐츠 활용은 디지털의 영역으로, 전통적 매체인 신문 등의 콘텐츠 활용은 미디어 영역으로 구분하겠다.

지금까지 줄곧 강조한, 유튜브를 보고 생각을 정리하고 나만의 생각을 정립한 뒤 이를 다양한 방법으로 표현하는 것 역시 리터러시 활동이라고 할 수 있다. 신문 기사를 읽고 자기 생각을 논술문으로 표현하는 전통적 교육을 넘어, 시사만화의 말풍선을 다시 채워 넣거나, 말풍선만 살리고 그림을 다시 그리는 것, 신문에 실린 광고를 이용해 다양한 활동을 하는 것도 리터러시다.

무엇보다 리터러시 활동엔 글이 필수적이다. 신문 기사나 칼럼, 시사만화, 만평, 광고 등은 모두 글을 사용하고 있으며 영상 콘텐츠를 만들기 위한 기획안이나 콘텐츠 구성안, 대본, 큐시트 등도 글로 작성해야 하기 때문이다.

2) 생각의 방 채우기, 왜 리터러시를 알아야 할까?

생각의 방을 채우기 전 리터러시의 개념부터 짚고 넘어가는 이유가 있다. 생각의 방을 채우고, 정리하고, 탈출하는 TOL 글쓰기의 흐름이 원활히 이뤄지려면 일단 생각의 방이 충분히 채워져야 한다. 시작인 반인 것처럼, 생각의 방이 제대로 채워지지 않는다면 생각의 방 정리와 탈출 과정에서 교육적인 효과를 기대하기 어렵다.

생각의 방이 가득 채워져야 정리할 것이 많이 생긴다. 정리할 것이 많아야 정리 요령도 생긴다. 그리고 생각을 정리하는 과정에서 자기 생각, 혹은 정보의 옥석을 가리는 능력도 생기고 사고력도 길러진다. 생각의 방 탈출 시에도 마찬가지다. 생각의 방에 있는 소재들로 방 탈출이 이뤄지는 만큼, 소재가 풍부해야 다양한 방 탈출 활동을 할 수 있다.

책 읽는 것 자체를 지루해하거나 싫어하고, 그나마 억지로 읽은 책의 줄거리와 주제를 찾아서 한 줄 적는 것도 힘들고, 그래서 책을 읽고 드는 생각이나 느낀 점을 떠올리려니 머릿속이 하얘지는 아이들인데 책으로 생각의 방을 채워 넣는 것은 고역이나 다름없다. 그렇기에 아이들이 평소에 관심을 가지고 있으며, 쉽게 접근할 수 있고, 자주 놀던 익숙한 공간에서 다양한 소재들을 찾아 생각의 방에 넣는다면 향후 활동이 수월해질 것이다. 이 활동 자체가 리터러시이다. 그렇기 때문에 리터러시 개념을 짚고 넘어가는 것이다.

3) 리터러시 활용만큼 중요한 '규제비'

하지만 뉴미디어 콘텐츠로 교육을 한다고 해서 장시간 무작정 스마트폰만 들여다보게 할 수는 없다. 사용 시간과 규칙을 정해서 교육을 해야 한다. 또한 콘텐츠 선택도 사용 시간과 규칙만큼 중요하다. 콘텐츠 선택 시 적절한 제어를 해주고, 그렇게 고른 콘텐츠를 비판적 시각을 갖고 수용하는 것도 중요하다.

리터러시 활용에 있어 중요한 세 가지 항목인 규칙, 제어, 비판. 줄여서 '규제비'다. 규칙은 사용 시간을 정하는 것이고, 제어는 특정 소재에 빠져 헤어 나오지 못하는 것을 방지하고 좀 더 다양한 콘텐츠를 활용하게 함이다. 마지막으로 비판은 콘텐츠를 받아들일 때 가장 중요한 비판적인 수용에 대한 것이다. 중요한 만큼 조금 더 자세히 알아보도록 하자.

A. 사용 규칙 정하기

부모들의 어린 시절엔 스마트폰이 없었던 만큼 요즘 아이들의 스마트폰 교육이 막연하고 어렵게 느껴질 것이다. 부모 대부분은 아이가 스마트폰 중독이 빠질 것을 우려해 강제로 사용을 중지시키거나 기기를 빼앗으면서 아이와 실랑이를 벌인다. 하지만 실랑이에 지쳐서, 혹은 외출 시공공장소에서 민폐를 끼치지 않기 위해 스마트폰을 쥐여주기도 했던 기억도 있을 것이다. 스마트폰이 필수인 세상, 사용을 못 하게 할 수도 없고 마냥 방치할 수도 없어 고민이다.

이에 대해 육아 교육 전문가들은 스마트폰 자체가 문제가 아니라 사용에 대한 조절이 문제라고 지적한다. 다양한 정보를 얻을 수 있고 교육적 효과도 있는 만큼 스마트폰 사용 자체를 나쁘게 볼 수는 없다는 것이다. 다만 사용 시간에 대해 조절을 할 수 없다면 스마트폰 중독에 빠질 위험이 있기에 사용 시간 조절 교육이 필요하며, 스마트폰을 뺏으려고 행동하기보다는 사용엔 한계가 있음을 명확하게 알려주고 지침을 세워 가르쳐야 한다고 입을 모은다. 스마트폰 사용 중지를 강제하거나 뺏는 것만이 능사는 아니다. 스마트폰 사용 규칙과 시간을 정해 조절해주는 것이 중요하다.

『초등공부, 독서로 시작해 글쓰기로 끝내라』의 저자인 김성효 전라북도 교육청 장학사도 스마트폰 태블릿 TV 등 스크린을 들여다보는 시간인 스크린 타임의 총량을 정해 활용하라고 조언한다. 스크린 타임 내에서 사용해 중독을 막고, 총량을 조금씩 줄여나가는 것도 좋은 방법이다. 특히 스크린 타임도 TOL 글쓰기를 위한 시간이라면 그만큼 더 효율적으로 시간을 쓰게 되는 것이다.

규칙을 정할 때는 부모가 일방적으로 정해서 아이에게 통보하면 역효과가 날 수 있으니, 사전에 충분한 대화를 통해 함께 규칙을 정하는 것이 좋다. 아울러 규칙을 정할 때는 전문가들의 조언이나 WHO에서 발표한 아이들 스마트폰 사용 가이드라인 등을 참고하도록 하자.

WHO에서는 영유아의 스마트폰 일일 사용량을 최대 1시간으로 정하고 있는 만큼, 이를 참고해서 기준점을 1시간으로 잡고 아이와 대화를 통해 사용 시간을 정하는 것이 좋다. 예를 들어 스마트폰으로 유튜브 시청을 30분 정도 하고 10분 휴식한 뒤에 방 채우기 활동을 40분 정도 하는 식으로 진행하는 것이다.

아울러, 채널A에서 방영하는 「요즘 육아 금쪽같은 내 새끼- 스마트폰에 빠진 아이」편에서 오은영 박사가 추천한 스마트폰 보관함 활용법도 도움이 된다. 스마트폰 보관함같이 스마트폰을 아이로부터 격리할 수 있는 공간이나 장소를 만들어 일일 사용 시간을 넘기면 반드시 약속된 곳에 스마트폰을 넣어두도록 하고, 부모 역시 스마트폰을 못하고 있는 아이들이 보는 앞에서 스마트폰을 하기보다는 아이들 폰과 같이 넣어두고 아이들과 함께 하지 않는 것이다.

또한, 공공장소에서 남에게 폐를 끼친다고 무조건 스마트폰을 쥐어주기보다는 다른 활동을 할 수 있는 준비물을 챙겨서 다니길 추천한다. 상황이 여의치 않아 스마트폰을 쥐어줘야 한다거나 약속된 스마트폰 사용 시간이라면 이왕이면 TOL 글쓰기를 위한 시간으로 만들어보자.

B. 콘텐츠 제어하기

리터러시를 활용해 생각의 방을 채울 때 될 수 있으면 많은 소재를 채워 넣는 것이 좋다고 언급했다. 하지만 주의해야 할 점도 있다. 생각의 방을 채우기 위해 이것저것 다양한 콘텐츠를 접하다 보면 선정적이거나 폭력적 콘텐츠에 노출될 수 있는 점이다. 영화는 심의 등급이 정해져 있고, TV 프로그램의 경우도 시청 가능 연령이 정해져 있다. 더구나

TV 프로그램은 영화보다 시청 가능 등급이 낮은 데다 방통심의위 제재가 엄격하므로 부모와 함께 시청하면 선정적 폭력적 콘텐츠를 대부분 거를 수 있다.

문제는 유튜브다. 유튜브는 시청등급 고지를 않는 데다 영상을 재생시키기 전까지는 선정성 폭력성 등 유해성을 파악하기가 쉽지 않다. 유해 유튜브 콘텐츠를 걸러내고 보지 못하게 제어하는 것이야말로 리터러시 활용 교육의 성패가 달렸다고 해도 과언은 아니다. 이 문제는 '디지털 콘텐츠를 이용한 생각의 방 채우기- 유튜브'(60p) 편에서 좀 더 자세히 다루기로 한다.

아울러 유해 콘텐츠 차단이 제어하기의 전부는 아니다. 유튜브를 비롯한 뉴미디어 플랫폼들은 사용자의 취향과 기호, 이용 패턴을 프로그램으로 분석해 관련된 콘텐츠를 계속 노출한다. 추천 영상이나 관련 기사 등 꼬리의 꼬리를 무는 콘텐츠들이 바로 그것이다. '유튜브 알고리즘이 날여기로 이끌었다'는 이용자들의 댓글 역시 이러한 경향을 잘 반영한다.

특정 정보를 찾기 위해, 혹은 관심사와 관련된 영상을 보기 위해 직접 검색해 원하는 콘텐츠를 찾았지만 해당 콘텐츠를 보고 난 뒤 비슷한 콘텐츠의 늪에 빠져 헤어 나오지 못하는 경우도 종종 있다.

관심 있는 분야의 콘텐츠를 찾는 데에는 뉴미디어 플랫폼의 추천이 유용할 수 있지만, 해당 분야 이외의 타 분야 콘텐츠에 대한 노출이 되지 않기 때문에 자칫하면 한 우물만 팔 수 있는 점은 단점이다. 우리는 특정 분야의 전문지식을 쌓는 것이 아니라 다양한 분야의 콘텐츠를 넓게 이용하는 것이 적합하므로 유튜브를 이용할 때 한 분야에만 빠지지 않도록 제어하는 것도 부모의 몫이다.

리터러시 활동은 결국 정보의 바다에서 헤엄을 치는 행위다. 망망대해를 종횡무진 돌아다녀야 하므로 활동성 못지않게 중요한 것은 제어다. 그리고 제어는 이 교육의 조력자인 부모가 할 수밖에 없다.

C. 비판적으로 수용하기

리터러시는 정보 흡수가 아니라 이를 판단하고 옥석을 가려 유용하게 활용하는 데 그 목적이 있다. 뉴미디어 콘텐츠라고 해서 모두 좋은 것은 아니며 조회 수가 높거나 구독자, 팔로워가 많다고 해도 이 숫자들이 콘텐츠의 질을 담보하지는 않는다.

유튜브 영상들은 물론 SNS에 공유되어 떠다니는 이야기들, 뉴스에 이르기까지 미디어가 쏟아내고 있는 정보와 이미지들은 날 것 그대로가 아니라 누군가가 짜 놓은 틀(프레임)에 의해 만들어지고 다듬어지고 편집된 것들이다. 설령 날 것 그대로 보여준다고 해도 콘텐츠 생산자가 은연중에 자신의 의도를 담는 경우가 많다.

그렇기에 리터러시를 통해 생각의 방을 채울 때 수용적인 태도는 중요하지만, 수용은 무조건적인 수용이 아닌 비판적인 수용이어야 한다. 유튜브와 TV에서 본 내용을 그대로 생각의 방에 쌓아놓는 것이 아니라 본인의 생각과 판단도 방 안에 함께 넣어 놓아야 한다.

주제와 내용이 무엇인지 파악하는 것은 물론 주제를 논리적으로 잘 풀어냈는지, 콘텐츠에서 하는 주장은 사실인지 아닌지를 파악해야 한다. 그렇지 않으면 거짓 정보나 가짜뉴스에 휘둘리기 쉽다. 특히 조회 수를 위해 이성보다는 감성에 호소하는 전략을 많이 사용하는 만큼 더욱 두 눈을 부릅뜨고 지켜봐야 한다. 아이들이 이런 논리와 이성을 갖추고 사고하기는 어렵다. 그래서 조력자인 부모님이 같은 주제에 대한 다양한 시각을 볼 수 있게 도와줘야 한다. 그러면 아이의 논리와 사고능력이 서서히 자라날 것이다.

TOLution
리터러시 활동 전 갖춰야 할 '규제비'의 핵심

항목	주요활동	핵심
규칙	사용 시간 정하기	조절하기
제어	콘텐츠 정하기	걸러내기
비판	기준 정하기	수용하기

4) 생각의 방, 이렇게 채우자

사용 방법과 시간 등 규칙과 콘텐츠 제어, 비판적 수용 자세가 확립되었다면 본격적으로 생각의 방을 채워보자. 소재를 찾고 생각하는 것으로만 그친다면 향후 활동에도 지장을 초래할 수 있다. 찾아놓은 소재들은 앞으로 활동하기 쉽게 만들어야 한다.

이때 찾아놓은 소재를 채워 넣는 것이 생각의 방 채우기다. 그리고 생각의 방에 채워 넣은 소재들의 옥석을 가리고, 필터링하며, 순서를 정하는 것 등이 생각의 방 정리다. 이사에 비유해보면, 생각의 방 채우기는 앞으로 살 집을 구한 뒤 이삿짐을 넣는 것이고 생각의 방 정리는 들여놓은 이삿짐을 안방, 아이 방, 거실, 부엌 등 각각 공간에 알맞게 배치하는 행위다.

생각의 방 채우기를 위해서 먼저 아이와 대화한 뒤 관심사와 흥미를 느끼는 소재를 파악한다. 게임이나 만화책 등 엄마의 잔소리 리스트 가장 위에 있는 것들도 흔쾌히 이야기할 수 있도록 편안한 분위기를 조성해주는 것이 좋다. 시작은 머릿속 관심사를 과감하게 밖으로 끄집어내게 하는 것에 있다.

관심사를 검색할 수 있는 곳은 많다. 세상 모든 동영상이 모이는 유튜브에서 관련 영상을 검색해서 시청하게 해도 좋고, 포털 검색창도 다양한 소재들을 찾기에 여전히 유효하다. 포털 검색을 적절히 이용하다 보면 해당 소재를 다룬 TV 프로그램이나 영화, 관련 책을 소개하기도 하는데 이를 연계하는 것도 좋다. 또한, 포털이나 주요 언론사 홈페이지에서 관심사를 검색해 기사를 찾아보는 것도 유용한 방법이다. 특히 기사 검색 후엔 기사에 등장하는 관련 인물 검색을 하는 것도 좋다. 뚜렷한 관심사가 없다면 아래의 사항을 참고해보자.

- 아이의 롤모델, 혹은 롤모델과 비슷한 인물이 등장하는 콘텐츠
- 유머와 엉뚱함, 비판과 해학을 담은 콘텐츠
- 영상뿐만 아니라 사진, 그림, 도표, 그래프 등 다양한 볼거리를 제공하는 콘텐츠

- 서로 다른 관점이 맞서 생각할 거리를 던져주고 어느 한쪽 입장을 택할 수 있는 콘텐츠
- 상상력을 자극하는 공상과학이나 판타지를 다룬 콘텐츠

이사할 집 즉, 관심사에 대한 콘텐츠 찾기가 끝났으면 본격적으로 안방인지 부엌인지 서재인지 생각의 방을 만들 차례다. 다양한 내용이 나오면 방 이름을 붙이고 해당 방안에 소재들을 넣어둔다. 별도의 노트를 준비해 각 방마다 이름을 붙여놓고 필기를 해두어도 좋고, 스마트폰 앱을 이용해 방을 채워 넣어도 좋다. 소재를 넣어둠과 동시에 정리하면 복잡하고 혼란스러울 수 있으니 이 단계에서는 그냥 방을 채우는 데 중점을 두는 것이 좋다.

아울러, 아이들이 생각의 방에 소재들을 채워 넣을 때 부모는 보여줬던 콘텐츠 리스트를 차곡차곡 채워 넣어야 한다. 콘텐츠들을 분야별로, 내용별로, 아이의 흥미별로 분류해서 기록하는 것이다. 그렇게 정리된 리스트를 통해 아이가 재미를 느끼는 요소, 어느 콘텐츠를 어떻게 활용했을 때 효과가 있었는지의 분석이 가능하다. 아울러 정리된 리스트는 향후 보여 줄 콘텐츠를 정하는 데에도 유용하게 사용될 것이다. 분야별 방 채우기는 다음 장에서부터 구체적으로 알아보기로 하겠다.

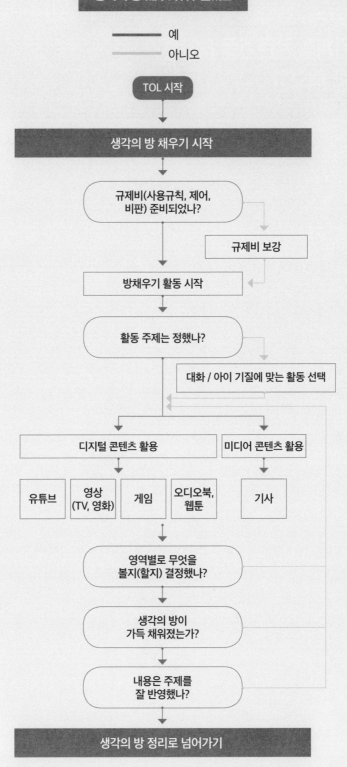

생각의 방 채우기(T) 순서도

―――― 예
―――― 아니오

TOL 시작

생각의 방 채우기 시작

규제비(사용규칙, 제어, 비판) 준비되었나?

규제비 보강

방채우기 활동 시작

활동 주제는 정했나?

대화 / 아이 기질에 맞는 활동 선택

디지털 콘텐츠 활용

미디어 콘텐츠 활용

유튜브

영상 (TV, 영화)

게임

오디오북, 웹툰

기사

영역별로 무엇을 볼지(할지) 결정했나?

생각의 방이 가득 채워졌는가?

내용은 주제를 잘 반영했나?

생각의 방 정리로 넘어가기

07
디지털 콘텐츠를 이용한
방 채우기

아이의 관심사가 여행이라고 가정해보자. 아이들은 부모와의 대화 시 인상 깊었던 여행지를 떠올릴 수도 있고, 함께 여행을 가서 먹었던 맛있는 음식을 떠올릴 수도 있다. 또 함께 여행을 떠나 추억을 나눈 가족이나 친구들을 떠올릴 수도 있고, 여행지에서 있었던 에피소드를 떠올릴 수도 있다. 방학 여행인지 명절 여행인지, 여름인지 겨울인지 시기적인 측면을 회상할 수도 있다.

이런 것들 모두 생각의 방에 채워 넣으면 된다. 여행처럼 자신이 직접 겪어보고 즐거운 기억이 있는 소재들일수록 생각의 방을 만들고 채우기 수월하다. 하지만 아이들 관심사 밖에 있는 소재라면 이야기는 달라질 것이다. 그렇기에 친숙하고 재미있는 소재를 떠올리도록 도와주는 것이 좋으며, 아이가 자주 접하는 디지털 콘텐츠들을 이용하는 것이다.

다만 방 채우기 활동 때문에 아이가 유튜브, TV, 게임 등 디지털 콘텐츠에 지나치게 빠지는 것은 바람직하지 않다. 이를 위해 앞서 언급한 규제비(규칙-제어-비판)가 제대로 이뤄졌는지 다시 한번 점검하는 것이 좋다. 규제비가 제대로 되지 않은 상태에서 유튜브를 보여주는 것은 아예 통제하는 것만 못 할 수도 있다. 아이에게 '내가 책 대신 유튜브를 보여주게 했으니, 너도 일정 시간만 유튜브를 시청해야 한다'는 것을 인식시키자.

유튜브를 이용한 생각의 방 채우기

A. 유튜브의 특성과 교육적 배경

유튜브 최초의 트렌드 매니저 케빈 알로카(Kevin allocca)는 그의 저서 『유튜브 컬처』[3)에서 "외계인이 우리 지구에 대해 알고 싶어 한다면 구글을 보여줄 것이다. 그러나 우리 인간에 대해 알고 싶어 한다면 유튜브를 보여줄 것"이라고 단언했다.

이처럼 유튜브는 세상 구석구석에서 일어나는 일을 담은 영상이 모여 있는 곳이라고 해도 과언은 아니다. 사전을 뒤적이던 사람들은 인터넷의 등장 이후 포털 검색창을 찾았고 이젠 유튜브를 찾는다. 특히 아이들의 유튜브 사용량은 절대적이다.

한국언론진흥재단이 발표한 「2019년 10대 청소년 미디어 이용 조사」에 따르면, 관심이나 흥미 있는 주제가 있을 때 가장 많이 이용하는 경로가 무엇인지 물어본 결과 온라인 동영상 플랫폼이라는 응답이 37.3%로 가장 높았고 포털 및 검색엔진(33.6%), SNS(21.3%)가 뒤를 이었다.

또한, 온라인 동영상 플랫폼 이용률은 87.4%로 아이들 10명 중 9명은 온라인 동영상 플랫폼을 이용하는 것으로 나타났으며, 지난 1주일간 이용한 동영상 플랫폼이 무엇인지 복수로 물어본 결과 유튜브를 이용했다는 응답이 98.1%로 가장 높았다. 이는 네이버TV(24.7%), V Live(15.7%), 트위치(14.8%) 이용률과 비교해도 압도적으로 높은 수치이다.

---

3) 케빈 알로카 저, 엄성수 역, 『유튜브 컬처』, 스타리치북스

10대 청소년 관심 주제 탐색 경로 (2019)

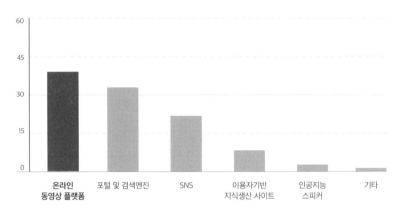

10대 청소년 온라인 동영상 플랫폼 TOP 7 (2019)

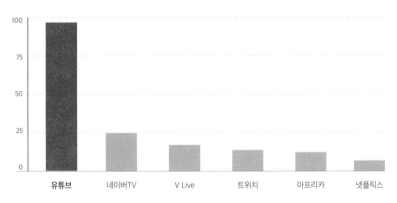

출처: 한국언론진흥재단 <2019 10대 청소년 미디어 이용 조사>

이에 발맞춰 유튜브도 진화를 거듭하고 있다. 검색 결과를 보여주는 것을 넘어 관련 영상을 노출하고, 검색했던 내용을 토대로 영상을 추천해준다. 유튜브가 진화하자 유튜버들도 진화하고 있다. 채널 구독자의 입맛에 맞는 맞춤형 정보를 제공하는 한편, 콘텐츠의 완성도에 공을 들이고 있다.

유튜브 콘텐츠엔 스토리가 있고 그 속엔 기승전결 구조가 있다. 문제가 일어나고(혹은 문제를 제기하고) 그것을 풀어내고 해결하고 마무리하는 과정은 책의 전개 방식과 흡사하다. 독후활동처럼 유튜브 시청 후에도 아이가 활동할 거리들이 충분히 있다는 얘기다. 어차피 자녀와 유튜브를 떼어놓을 수는 없다. 유튜브를 제대로 이용해보자.

B. 이렇게 활용하자

유튜브 시청 전 사전 조사를 해놓으면 좋은 콘텐츠를 찾을 확률을 높일 수 있다. 사전 조사 항목을 구체적으로 살펴보면 다음과 같다.

- 아이가 좋아하는 유튜브 채널을 파악하자. 어떤 채널이든 '보지 말라', '왜 이런 걸 보냐'는 말은 금물이다.
- 구독하는 계정은 무엇인지, 자주 보는 장르는 무엇인지, 좋아하는 크리에이터는 누구인지 파악한다.
- 처음부터 교육적인 유튜브를 시청할 필요는 없다. 관심사가 먼저다. 특히 유튜브 체크리스트를 만들어 관심사를 파악하면 더욱 유용하다(아래 체크리스트 참고). 콘텐츠 관련 질문엔 복수 응답을 받는 것도 좋다.
- 생각할 여지를 주는 콘텐츠, if를 대입시킬 수 있는 콘텐츠가 좋다. ex. 네가 이 유튜버라면 어떻게 풀어갔을까?, 네가 영상 속 상황이라면 어떻게 했을까?
- 아이가 보고 싶은 콘텐츠를 찾지 못하거나, 크게 흥미를 느끼는 유튜브 콘텐츠가 없다면 부모가 먼저 고르고 아이에게 제안해도 좋다.

유튜브 체크리스트

질문	대답
일일 유튜브 시청 시간은?	○ 30분 이하 ○ 30분~1시간 ○ 1시간~2시간 ○ 2시간~3시간 ○ 3시간 이상
유튜브를 보는 이유는?	○ 재미있어서 ○ TV에서 다루지 않는 것들을 다뤄서 ○ 관심사에 대한 다양한 정보를 제공해서 ○ 댓글로 참여하고 소통 가능해서 ○ 유튜브를 봐야 친구와 소통 가능해서 ○ 학습에 도움이 돼서 ○ 기타
구독 채널, 자주 찾는 채널은?	○ 아이돌이나 연예인을 다룬 채널 ○ 게임 해설과 분석을 하는 채널 ○ 펭수 등 캐릭터들을 중심으로 한 채널 ○ 애니메이션, 영화 분석 채널 ○ 먹방 채널 ○ 학습과 관련된 채널 ○ 기타
내가 유튜버가 된다면?	○ 어떤 채널을 운영할까? ○ 어떤 내용을 다룰까?

C. 좋은 채널(콘텐츠) vs 나쁜 채널(콘텐츠)

모든 유튜브 채널과 콘텐츠가 다 좋을 수는 없다. 아이가 채널을 맘대로 고르게 놔둔다면 선정적, 폭력적 콘텐츠에 노출될 위험이 크다. 그렇다고 부모가 일방적으로 채널을 강요할 경우 유튜브를 이용한 교육 자체에 흥미를 잃을 수 있다.

그러므로 사전에 어떤 채널을 시청할지 대화를 나눈 뒤 함께 검색해도 좋고, 아이가 채널을 고른다면 바로 시청을 시키지 말고, 본격적인 시청에 앞서 부모가 해당 채널을 점검하는 것도 좋다. 적절한 제어를 통해 옥석을 가려내고, 선택한 콘텐츠는 비판적으로 받아들이게 해보자.

먼저, 좋은 콘텐츠의 우선 조건은 친근함이다. 초등학생들 사이에서 인기를 끌고 있는 유튜버들이라면 일단 아이들의 관심을 끌어모으기에 좋다. 그런 유튜버들이 운영하는 채널 중 욕설이나 비속어를 사용하지 않은 콘텐츠들이 많은 채널이 좋으며, 교훈을 주거나 교육적인 내용까지 다룬다면 금상첨화다.

또한 기승전결의 구조를 잘 갖추고 있는 콘텐츠, 주인공 보조자 악역 등 다양한 캐릭터들이 등장하는 콘텐츠 등을 많이 축적한 채널이 좋다. 아울러, 서로 다른 관점이 팽팽히 맞서는 콘텐츠, 문제해결에 초점을 맞추거나 열린 결말로 끝맺는 콘텐츠 등 생각할 여지를 많이 주는 콘텐츠들도 좋다.

반면, 피해야 하는 채널과 콘텐츠들도 있다. 선정적, 폭력적 콘텐츠는 피해야 하며 자극적인 전개 방식으로 조회 수를 올리려는 콘텐츠로부터 아이들을 보호해야 한다.

앞서 말했지만, 영화나 TV 프로그램은 연령별 관람등급 고지를 하지만, 유튜브는 별도 고지를 해주지 않는다. 시청자들이 신고하기의 절차를 통해 문제의 채널을 막아놓거나 영상을 삭제하는 안전장치를 만들어 났다고는 하나 영화나 TV처럼 한눈에 파악할 수 있는 안전장치는 없다. 유해 콘텐츠를 업로드하는 채널도 겉모습은 멀쩡한 경우가 많아 영상을 재생시키지 않고 유해성 여부를 가늠하기 어려운 경우도 있다. 이럴 때 아이와 함께 활동하기에 앞서 부모가 먼저 영상을 시청하는 것이 바람직하다.

유튜버를 유해 콘텐츠 판단의 기준으로 삼는 것도 좋다. 논란을 일으킨 후 비판이 이어지면서 댓글 창을 갑자기 닫고 소통을 막은 유튜버, 신고로 인해 채널을 닫은 경험이 있거나 구설에 오른 유튜버들이 대표적이다. 부모가 먼저 악명 높은 유튜버들의 블랙리스트를 만들고, 아이가 시청하지 않도록 지도하는 것이 좋다.

콘텐츠 퀄리티에 비해 조회 수가 지나치게 높은 채널, 즉 '사이버 레커차'도 기피 대상이다. 교통사고가 나면 일부 견인차(일명 레커차)가 교통법규를 위반하고 경찰차나 구급차보다 빨리 현장에 달려오는 모습을 본 적이 있을 것이다. 사이버 레커차는 수단·방법 가리지 않는 일부 견인차의 폭주를 빗대 만든 단어로, 사건·사고가 터져 논쟁거리가 되면 제대로 된 팩트 체크나 심층 분석 없이 이미 다 알고 있는 내용을 짜깁기한 뒤 무언가 있는 것처럼 포장하거나 자극적인 제목과 영상을 덧붙여 조회 수를 올리는 유튜버들을 뜻한다. 이들은 정치 시사 문제에서부터 연예인 사생활, 다른 유튜버 등 범위를 가리지 않고 불량 콘텐츠를 만들어내기 때문에 유의해야 한다. 좋은 채널(콘텐츠)과 나쁜 채널(콘텐츠)을 정리해보면 다음과 같다.

좋은 채널(콘텐츠)

- 아이들이 평소 즐겨보는 채널 중 건전한 콘텐츠를 생산하는 채널

- 기승전결 완결된 이야기가 있는 콘텐츠가 많은 채널

- 주인공, 보조자, 악역 등 다양한 캐릭터들이 등장하는 콘텐츠

- 서로 다른 관점이 팽팽히 맞서는 콘텐츠, 열린 결말로 끝나는 콘텐츠 등
  생각할 여지를 주는 콘텐츠

- 비판과 위트, 저속하지 않은 유머가 담긴 콘텐츠

- 엉뚱함과 발칙함 등 상상력이 가미된 콘텐츠

- 유튜버의 멘트 이외에 영상, 사진, 도표 등 풍부한 자료를 보여주며 이야기를
  전개하는 콘텐츠

나쁜 채널(콘텐츠)

- 선정적, 폭력적인 내용을 다루는 콘텐츠

- 유튜버가 욕설이나 비속어를 자주 사용하는 채널

- 문제의 유튜버, 일명 '사이버 레커차'가 만드는 채널

- 이야기의 완결성이 떨어지거나, 영상 한 편 안에 기승전결 구조를
  갖추지 않은 콘텐츠

- 조회 수를 위해 기승전결을 잘게 쪼개놓은 콘텐츠

- 잘못된 정보를 제공하거나, 유튜버의 일방적인 주장만 담겨있는 콘텐츠

- 알맹이가 없고 이미 알고 있는 것을 짜깁기한 콘텐츠

- 지나치게 어려운 단어를 사용하거나 너무 전문적이어서
  아이들이 이해하기 어려운 콘텐츠

D. 생각의 방 채우기 추천 콘텐츠

생각의 방 채우기에 적합한 유튜버와 채널을 소개한다. 먼저, 아이들이 흥미를 느끼고 접근할 수 있는 채널 중 교육적인 내용을 담은 채널들이 있다. 즐기면서 배울 수 있는 콘텐츠들이 많은 채널인데 「지니스쿨 역사」와 「은근 잡다한 지식」이 있다. 이들 채널에서 선보이는 콘텐츠들의 공통점은 애니메이션과 일러스트 등을 이용해 아이들의 진입장벽이 낮으며 재미있게 이야기를 풀어내 아이들의 집중도를 높일 수 있다는 점이다.

「지니스쿨 역사」는 한국사와 세계사를 애니메이션으로 풀어냈다. 자칫 딱딱하고 지루할 수 있는 역사적 사실과 배경을 만화를 보듯 쉽게 접근할 수 있는 것이 장점이다. 역사 속 위인들은 귀여운 만화 캐릭터로, 중요한 역사적 배경은 멋있는 그림으로 등장해 아이들의 시선을 사로잡기에 좋다. 「은근 잡다한 지식」은 일상 속에서 쉽게 접할 수 있는, 혹은 알아두면 좋은 생활상식을 일러스트 등으로 쉽게 풀어낸 채널이다.

 지니스쿨 역사   은근 잡다한 지식

한편, 좋은 유튜버가 운영하는 채널을 살펴봐도 좋다. 대표적으로 「유라야 놀자」와 「달지」가 있다. 유라야 놀자는 유아교육을 전공한 방송인 출신 유튜버 유라가 장난감을 이용한 다양한 상황극, 자연 관찰, 동물 키우기 체험, 과학 실험 등 아이들의 눈높이에서 재밌고 유익한 콘텐츠를 제공한다.

달지는 초등학교 교사로 노래와 그림 등 다양한 소재를 이용해 콘텐츠를 만드는 유튜버다. 달지는 「쇼미더머니 8」에 출연해 화제를 모으며 초등학생들 사이에서 인기를 끌기도 했다. 달지는 담임을 맡은 학급의 아이들이 먼저 랩 하는 영상을 유튜브에 올려달라고 하면서 유튜버가 되었다. 달지는 다양한 시청각 자료들을 활용해 지루하지 않게 콘텐츠를 만들었다. 특히 달지는 아이들 눈높이에서 소통하는 것이 강점이며 학생들과 함께 올바른 댓글 문화도 만들어가고 있다.

 유라야 놀자

 달지 유튜브

이 가운데 「지니스쿨 역사」의 콘텐츠를 시청한 뒤 생각의 방을 채워보겠다.

「지니스쿨 역사」 중 '조선 패션- 귀고리 하는 남자들', '식신로드-많이 먹는데도 살이 빠진다고' 두 편 시청

 조선 패션 -
귀고리 하는 남자들

 식신로드 -
많이 먹는데도
살이 빠진다고

각 영상별 개요 작성

제목	조선 패션- 귀고리 하는 남자들
주제	조선 최고의 멋쟁이들은 어떻게 하고 다녔을까?
줄거리	부모가 정해준 상대와 결혼해야 하며 남녀를 분리해서 기를 정도로 보수적인 조선 사회. 멋을 부리는 행위 특히 남자들이 멋 부리는 것에 대해 엄격할 것 같지만 의외로 그렇지 않았다. 특히 귀고리는 어린아이부터 노인까지 애용하던 패션 아이템이자 멋의 상징이었다.
떠오르는 단어, 문구, 문장을 자유롭게 기록	귀고리, 액세서리, 멋, 패션, 힙, 패셔니스타, 조선 시대 멋쟁이, 보수적이지 않다

제목	식신로드- 많이 먹는데도 살이 빠진다고?
주제	조선 시대 다이어트의 숨겨진 비밀
줄거리	조선 시대 사람들은 밥을 많이 먹었다. 하지만 살이 찌기는커녕 마른 사람들이 많았다. 당시엔 부자가 아니면 고기를 제대로 먹지 못해 고기 대신 밥을 많이 먹은 것이다. 또한, 습한 날씨 때문에 음식을 보관하기 쉽지 않아 만든 음식을 다 먹어야 했다. 그렇게 음식을 많이 먹었지만, 교통수단이 없어 많이 걸어 다녀야 했으며, 특히 남자들은 군역으로 인해 군사훈련, 공사참여 등의 노동을 해야만 했다.
떠오르는 단어, 문구, 문장을 자유롭게 기록	고기, 밥, 푸드파이터, 식신, 다이어트, 단백질 섭취가 부족했다, 음식 남겨서 혼나는 건 저 당시에도 있었을 것 같다, 군역

두 개요를 종합한 생각의 방

생각의 방 이름 : 조선 시대의 식문화

활용 콘텐츠 : 유튜브 '지니스쿨 역사' 中 두 편

특징 : 교과서에서 배우지 않는 조선 시대상에 관한 이야기

> **조선 패션- 귀고리를 하는 남자들**
> 귀고리, 액세서리, 멋, 패션, 힙, 패셔니스타, 조선 시대 멋쟁이, 보수적이지 않다

> **식신로드- 많이 먹는데도 살이 빠진다고?**
> 고기, 밥, 푸드파이터, 식신, 다이어트, 단백질 섭취가 부족했다, 음식 남겨서 혼나는 건 저 당시에도 있었을 것 같다

생각의 방을 정리하고 탈출하는 방법은 '디지털 콘텐츠를 이용한 생각의 방 탈출- 유튜브를 이용한 생각의 방 탈출'(165p 참고)에서 자세히 다루도록 하겠다.

2) 영상 콘텐츠를 이용한 생각의 방 채우기

A. 영화, TV 프로그램의 특성과 교육적 배경

유튜브를 중심으로 한 뉴미디어 콘텐츠가 강세를 보이면서 영화와 TV의 아성이 위협받고 있다고 한다. 하지만 꼭 그렇지만은 않다. 양쪽을 자세히 들여다보면 뉴미디어와 영화, TV 프로그램은 공생 관계에 있다. 영화와 TV가 오히려 뉴미디어 플랫폼을 이용해 새로운 영역을 구축해나가고 있다.

영화는 예고편, 메이킹 영상, 배우 인터뷰 영상 등을 유튜브에 공개하는 한편 영화 공식 SNS 계정을 통해 홍보 활동을 펼친다. TV 프로그램

의 다시 보기, 하이라이트, 예고 영상 등이 유튜브에서 여전히 강세를 보이고 있으며, 과거 TV 프로그램 자료들을 대거 방출한 이른바 '탑골 콘텐츠'는 큰 인기를 누리고 있다. 또한 유튜버, BJ, 1인 미디어 크리에이터 등이 TV에 단골손님으로 등장하며 뉴미디어에서만 선보였던 콘텐츠를 TV에서 선보이고 있다.

서로 깊게 영향을 주고받는 만큼 영화와 TV를 구시대의 유물로 치부해버리는 것은 오산이다. 특히 아이들이 유튜브에서 영화, TV 프로그램과 관련된 영상을 접한 뒤 해당 영화와 TV 프로그램을 찾아보는 경우가 많다. 영화, TV는 유튜브와 한 몸이라고 해도 과언은 아니다.

영화와 TV 프로그램의 이야기 전개 방식도 책의 전개 방식과 매우 닮아 있다. 특히 등장인물이 많지 않은 유튜브와 달리 사건이 일어나 전개되고 심화되면서 해결되는 스토리, 그리고 그 가운데에서 도드라지게 나타나는 주인공과 조력자, 악역 등 다양한 캐릭터들이 등장하는 것이 특징이다.

특히 영화와 TV 프로그램을 다루는 유튜브 채널은 저작권 문제 등으로 인해 2, 3차 가공을 하거나 유튜버 입맛에 맞게 편집한 경우가 많다. 이에 좋은 영화와 TV 원작 시청을 통해 유튜브 시청의 단점을 보완하는 것이 좋다.

B. 이렇게 활용하자

영화와 TV 프로그램은 반드시 최신작이 아니어도 좋다. 예전에 개봉했던 영화나 TV 프로그램 중에서도 교육에 활용할만한 콘텐츠들이 얼마든지 있다. 이런 작품들은 VOD 등으로 쉽게 접근할 수 있다. 아울러,

TV 예능 프로그램은 밤늦게 방송하는 경우가 많으니 본방 시청을 하지 않는 것이 좋다. 포털 사이트 프로그램 페이지엔 각 회 차별 하이라이트 영상이 잘 편집되어 있다. 프로그램 전체 시청을 위해 TV 앞에 앉아 있어야 하는 시간이 길어진다면 하이라이트를 이용해도 무방하다.

- 아이가 재미있게 봤던 영화와 해당 장르를 파악하자. 포털 사이트에 해당 영화를 검색하면 닮은꼴 영화들이 검색된다. 이 작품들을 병행해서 활용하는 것도 효과적이다. 아울러 유튜브와 마찬가지로 '보지 말라', '왜 이런 걸 보냐'는 말은 금물이다.
- 아이가 재미있게 봤거나 좋아하는 TV 프로그램은 무엇인지, 또래 친구들이 좋아하는 프로그램은 무엇이고 아이들 사이에서 회자되는 프로그램은 무엇인지 파악한다.
- TV 프로그램은 꼭 본방이 아니어도 무방하며, 밤늦은 시청은 삼가는 것이 좋다.
- 생각할 여지를 주는 콘텐츠, if를 대입시킬 수 있는 콘텐츠
  ex. 네가 PD라면 어떻게 풀어갔을까? 네가 영화 속 상황이라면 어떻게 했을까?
- 기발한 설정이나 전개로 상상력을 자극하거나, 억지 신파가 아닌 감동을 통해 감수성을 기를 수 있는 작품이 좋다.
- 반드시 본편 전체를 다 보여줄 필요는 없다. 부모가 먼저 시청하고 기승전결로 나눈 뒤 단계별로 보여줘도 된다. 예를 들어, 기승전을 보여주고 결말을 상상하게 한 뒤 시청시키고 자기 생각과 비교하게 하는 것도 좋다.
- 영화나 TV도 관심사가 먼저며, 체크리스트를 만들어 관심사를 파악하면 더욱 유용하다.

영화 체크리스트

질문	대답
영화 시청 횟수는?	○ 매일 ○ 주 3회 ○ 주 1~2회 ○ 월 1~2회 ○ 기타
영화를 보는 이유는?	○ 재미있어서 ○ 부모, 친구와 함께 추억을 만들 수 있어서 ○ 극장가는 게 좋아서 ○ 관심 있는 소재를 다룬 영화가 나와서 ○ 기타
자주 보는 영화 장르는?	○ 애니메이션 ○ 가족물, 감동적인 영화 ○ 판타지, 공상과학 ○ 액션 ○ 기타
어떤 콘텐츠를 많이 시청하나?	○ 영화 본편 ○ 하이라이트 영상이나 예고편 ○ 배우 인터뷰 영상 ○ NG, 촬영장 스케치 등 본 방송 이외의 것 ○ 영화를 분석한 유튜버의 영상 ○ 기타

TV 체크리스트

질문	대답
일일 TV 시청 시간은?	○ 30분 이하 ○ 30분~1시간 ○ 1시간~2시간 ○ 2시간~3시간 ○ 3시간 이상
TV를 보는 이유는?	○ 재미있어서 ○ 친구들이 봐서, 친구들과 대화하기 위해 ○ 좋아하는 연예인이 출연해서 ○ 유튜브에서 많이 다루는 소재라서 ○ 학습에 도움이 돼서 ○ 기타
자주 보는 TV 프로그램은?	○ 예능 프로그램 ○ 쇼, 음악 프로그램 ○ 드라마 ○ 뉴스 ○ 애니메이션 등 어린이 채널 ○ EBS 등 학습과 관련된 채널 ○ 기타
어떤 콘텐츠를 많이 시청하나?	○ 본 방송 ○ 하이라이트 영상이나 예고편 ○ NG, 촬영장 스케치 등 본 방송 이외의 것 ○ TV를 분석한 유튜버의 영상 ○ 기타

C. 좋은 콘텐츠 vs 나쁜 콘텐츠

영화와 TV 프로그램은 연령별 시청등급이 고지되어 있어 유튜브보다는 폭력적, 선정적인 콘텐츠를 피할 확률이 높다. 하지만 IPTV 과금 비밀번호를 알고 있는 아이들이 부모가 집을 비운 틈을 타 성인물을 시청하거나 PC나 스마트폰으로 VOD '19금 콘텐츠' 결제를 하는 경우가 있으니 사전에 철저한 관리가 필요하다.

그렇다고 해서 아동용 영화나 어린이 채널만 보여줄 필요도 없다. 좋은 문학작품이 있으면 굳이 아동용이 아니더라도 읽히는 것과 같은 이치다. 아동용 영화나 애니메이션, 드라마가 아니더라도 12세 이상 관람가 등급의 영화와 TV 프로그램들은 아이들이 보기에 무리가 없다. 범위가 넓어지면 선택의 폭도 넓어진다.

영상물등급위원회에 따르면, 12세 이상 관람가 영화의 경우 폭력성은 가정 폭력, 학교 폭력 등 사회 문제로서의 폭력을 제한적으로 다루며, 폭력을 미화하거나 조장하지 않는다. 폭력 묘사도 노골적으로 하지 않는다.

선정성의 경우에도 직접적이고 노골적인 노출은 금지되어 있으며 연인, 부부간의 가벼운 스킨십 정도만 허용하므로 시청하는 데 큰 무리는 없다. 또한 대사에서 직접적인 욕설은 허용되지 않으며, 인터넷상의 유행어가 나오지만 불쾌감이나 거부감을 주지 않는 선에서 허용된다. 실제로 여러 12세 이상 관람가 영화들을 모니터링해본 결과 욕설과 폭력적 선정적인 장면을 찾아볼 수 없었다.

또한 주인공이 비참한 최후를 맞거나 찜찜함을 남기는 결말은 이 등급에 적합하지 않기 때문에 좀 더 위 등급을 받는 경우가 많다. 그렇기에 12세 이상 관람가 등급 영화와 애니메이션 대부분은 권선징악이나 해피엔딩으로 끝나는 경우가 많다.

다만 초등학교 고학년 연령대로 책정된 영화이므로 초등학교 저학년 학부모의 경우 동반 시청을 하는 것이 바람직하다. 선정성 폭력성으로부터는 안전하지만, 부모 주관에 따라 다를 수 있으므로 곁에서 함께 시청하면서 특정 장면에 대해 부연 설명을 해주는 것도 좋다. 또한 사극의 경우 고어나 한자들이 생소하므로 상세히 풀어 설명해주면서 이해를 돕는 것도 좋다. 더 자세한 사항은 영상물등급위원회 홈페이지를 참고하도록 하자.

드라마는 TV 리모컨 스위치만 누르면 되기 때문에 아이들이 영화보다 접근하기 수월하다. 그래서 방송통신심의위원회의 심의와 제재도 영화보다 좀 더 엄격하다. 다만 불륜이나 막장 등 논란이 있는 작품들이 많으므로 현재 방송 중인 드라마 내용을 파악해두는 것이 좋다. 특히 최근엔 시청률 부진 등을 이유로 어린이 드라마, 청소년 드라마 제작이 잘 이뤄지고 있지 않은 만큼 드라마보다는 교양이나 건전 예능을 보여주는 것이 좋다. 예능의 경우, 연예인들끼리 신변잡기식의 농담만 주고받는 예능은 지양하는 것이 좋다.

[영화] 좋은 채널(콘텐츠)

- 역사적 사실, 위인들을 소재로 한 영화
- 해피엔딩, 권선징악을 그린 가족 애니메이션
- 교훈적인 내용을 담은 작품
- 실화를 바탕으로 한 감동스토리
- 미래 사회를 그리는 등 상상력을 자극하는 작품
- 추리력과 논리력을 자극하는 작품

[영화] 나쁜 채널(콘텐츠)

- 폭력 수위가 높은 범죄물, 수사물
- 남녀주인공의 애정 표현 수위가 등급에 비해 강하게 표현된 작품
- B급 코미디 등 욕설, 저속한 언어가 자주 등장하는 작품
- 나쁜 캐릭터가 자주 등장하고 아이들의 모방 우려가 있는 작품
- 사회 문제를 다뤘다고 해도, 자극적으로 묘사하거나 찝찝한 결말을 남기는 작품

[TV] 좋은 채널(콘텐츠)

- 위인의 이야기를 다룬 사극
- 가족 구성원들의 인생과 애환을 담은 홈드라마
- 또래 아이들이 나오거나 온 가족이 보기에 무리가 없는 예능
- 창의성과 상상력을 자극하는 프로그램
- 아이의 눈높이에서도 어렵지 않게 볼 수 있는 교양, 다큐멘터리

[TV] 나쁜 채널(콘텐츠)

- 연예인 신변잡기 예능, 심야 시간대 방송하는 예능
- 사극, 가족드라마를 제외한 15세 이상 등급의 드라마
- 비속어 남발, 상대방 깎아내리기 등으로 방통심의위 징계를 받은 프로그램
- 경쟁을 부각하거나 강조하는 오디션 서바이벌 프로그램

D. 생각의 방 채우기 추천 콘텐츠

생각의 방 채우기에 적합한 영화와 TV 프로그램을 소개해보고자 한다. 아이의 연령대를 고려해 전체관람가와 12세 관람가 영화로 국한했다.

a. 영화

- 역사를 바탕으로 한 사극

앞서 역사적 사실을 배경으로 하거나 위인들을 소재로 한 영화가 좋다고 언급했는데, 이런 영화들에 흥미를 느끼면 위인전 읽기와 연계를 할 수 있을 뿐만 아니라, 추후 역사 과목 배경지식을 쌓을 수 있다.

ex. 역사적 사실을 배경으로 한 영화: 「사도」, 「나랏말싸미」, 「말모이」 등

위인들을 소재로 한 영화: 「천문」, 「고산자 대동여지도」, 「동주」

- 애니메이션

해피엔딩으로 아이들의 정서를 해치지 않으면서도 교훈을 줄 수 있는 애니메이션도 좋다. 특히 디즈니나 픽사 애니메이션은 국적 인종 연령대를 떠나 모두가 공감할 수 있는 보편적 정서를 따뜻하게 다루면서도 이야기의 전개, 위기와 갈등, 문제해결 등을 극적으로 그려 아이들이 흥미진진하게 시청할 수 있다.

ex. 교훈을 줄 수 있는 애니메이션: 「겨울왕국」, 「마이펫의 이중생활」, 「주토피아」, 「인사이드 아웃」 등

- 상상력을 자극하는 영화

미래 사회를 예측해서 그린 영화, 뉴미디어 기기들을 적극적으로

활용해서 만든 영화들은 아이들의 호기심과 상상력을 자극하기에 좋다. 특히 이 장르의 영화들을 시청하기 전 아이들과 대화를 나누고 아이들이 상상하는 미래와 영화 속 미래의 모습을 비교하는 것도 좋다. 특히 뉴미디어 기기를 총동원해 만들면서 관객들이 함께 추리할 여지를 주는 「서치」 같은 영화는 논리적인 사고를 기르기에도 좋다.

ex. 미래 사회를 그린 영화: 「AI」, 「패신저스」, 「아일랜드」
뉴미디어 기기를 적극적으로 이용한 영화: 「서치」

- 감동을 주는 가족 영화
실화를 바탕으로 한 영화, 값싼 신파 영화가 아닌 잔잔한 감동과 여운을 주는 영화들은 여러 생각해볼 문제들을 관객들에게 던진다. 이때 아이들 눈높이에서 어렵지 않으면서도 충분히 논의할 수 있는 소재들을 이용해 활동하면 좋다.

ex. 가족 영화: 「덕구」, 「하모니」, 「나의 특별한 형제」, 「원더」, 「가버나움」, 「그린 북」 등

이 중 미래 사회를 그린 영화 「패신저스」, 「아일랜드」를 시청한 뒤 생각의 방을 채워보겠다.

 미래 사회를 그린 영화 「패신저스」, 「아일랜드」 등 두 편 시청

 영화 패신저스

 영화 아일랜드

각 영상별 개요 작성

제목	패신저스
주제	인간의 삶과 죽음, 생명 연장을 위한 과학기술의 사용 문제
줄거리	인구 포화와 환경오염 등으로 지구가 병들어 가고 있는 가운데, 멀리 새로운 행성에 새로운 보금자리를 개척한 인류. 하지만 우주선을 타고 120년을 가야 한다. 그래서 냉동인간으로 잠든 채 도착할 때쯤 깨어나도록 타이머를 맞추고 우주여행을 시작한다. 하지만 기계 오류로 짐(크리스 프랫)이 우주선 출발 30년 후 먼저 깨어나고, 이곳저곳을 누비던 짐은 오로라(제니퍼 로런스)마저 깨어나게 한다. 두 사람은 즐겁게 지내지만, 짐이 자신을 강제로 깨어나게 한 걸 안 오로라는 분노하고 좌절한다. 이후 우주선에 결함이 생기고 짐은 오로라를 다시 동면시키고 죽음을 맞이한다. 그렇게 120년 뒤 우주선 탑승 승객은 모두 동면에서 깨어나 새로운 행성에 도착한다.
떠오르는 단어, 문구, 문장을 자유롭게 기록	우주선, 냉동인간, 동면, 120년, 인간은 언젠가는 죽는다, 과학기술 사용, 윤리

제목	아일랜드
주제	과학기술의 발달과 인간 복제 문제
줄거리	지구상에 일어난 재앙으로 일부만이 생존한 21세기 중반. 살아남은 사람들은 영원한 생존을 꿈꾸며 자신의 DNA를 이용해 복제인간을 만든다. 그리고 이 복제인간들은 인간들이 필요할 때 장기 등을 이식하는 데 이용된다. 하지만 복제인간을 관리하는 업체에서는 장기 적출 수술을 받으러 가는 것을 '아일랜드'에 간다고 세뇌한다. 그러던 중 에코(이완 맥그리거)와 델타(스칼렛 요한슨)는 사육당하는 자신의 처지를 의심하게 되고, 동료가 수술실에서 이용당하는 것을 보게 된다. 이후 에코와 델타는 목숨을 걸고 탈출해 세상에 아일랜드의 존재를 폭로한다.
떠오르는 단어, 문구, 문장을 자유롭게 기록	복제인간, 클론, 수술, 의료용 인간, 세뇌, 미래 사회, 인간을 복제하는 것은 올바른가

두 개요를 종합한 생각의 방

생각의 방 이름 : 미래 사회를 그린 영화들

활용 콘텐츠 : 영화 「패신저스」, 「아일랜드」

특징 : 미래 사회에 대한 상상력을 자극하는 동시에 생명윤리에 대한 문제를 제기

> **패신저스**
> 우주선, 냉동인간, 동면, 120년, 인간은 언젠가는 죽는다, 과학기술 사용, 윤리

> **아일랜드**
> 복제인간, 클론, 수술, 의료용 인간, 세뇌, 미래 사회, 인간을 복제하는 것은 올바른가

생각의 방을 정리하고 탈출하는 방법은 '디지털 콘텐츠를 이용한 생각의 방 탈출- 영상 콘텐츠를 이용한 생각의 방 탈출'(174p 참고)에서 자세히 다루도록 하겠다.

b. TV 프로그램

- 또래 아이들이 나오는 예능, 가족 예능

또래 아이들의 생활을 엿볼 수 있는 예능은 자신을 돌아볼 계기를 줄 수 있다. 혹은 자신과의 비교를 통해 교훈을 얻기도 하고, 화면 속 아이가 처한 상황을 내가 맞이한다면 어떻게 풀어나갈지 생각을 자극할 수도 있다. 아울러 또래 친구들의 공부법을 지켜보며 적용해 볼 수도 있다.

ex. 「공부가 머니」, 「가장 보통의 가족」

- 시청 후 활용할 거리가 많은 프로그램

게임이나 추리 등을 통해 생각을 자극하는 프로그램들은 방송 후 생각의 방 탈출하기 등에 활용하기 좋다. 아이와 함께 추리하면서 게임을 하거나 방송에 나온 퀴즈 문제를 정리한 뒤 다시 풀어보면서 상식을 늘리는 것도 좋다.

ex. 「런닝맨」, 「유 퀴즈 온 더 블록」

- 교육과 재미를 동시에

교육과 재미를 동시에 잡는 프로그램도 좋다. 특히 아이들 사이에서 인기 있는 프로그램들은 재미있는 애니메이션 등을 통해 창의력을 향상해준다.

ex. 「생방송 톡! 톡! 보니 하니」, 「찾아라 상상크리에이터」

3) 게임 및 VR, AR을 이용한 생각의 방 채우기

A. 게임 및 VR, AR 특성과 교육적 배경

책과 가장 대척점에 있는 콘텐츠는 무엇일까? 대부분의 학부모는 게임이라고 생각한다. 유튜브, 영화 등 영상 콘텐츠 중 일부는 아이들에게 도움이 되는 것들도 있지만 게임이야말로 백해무익하다는 생각이 지배적이다.

중독성도 강한 데다 한 번 빠지게 되면 시간 가는 줄 모르고 하게 되고, 공격적이고 폭력적인 성향을 키울 수 있다니 부모로서는 게임을 하는 아이의 모습이 달갑지 않다. 여기에 유해 매체 지정 논의와 셧다운제처럼 부정적인 정책들도 게임에 대한 부정적인 생각을 부채질한다.

하지만 두뇌활동을 위해 권장하는 바둑 장기 체스 등도 게임의 범주에 들어간다. 이런 특성이 IT 기술을 만나 비약적으로 발전해 요즘 게임의 형태를 띠게 된 경우도 적지 않다. 또한 「마인크래프트」처럼 학습교재로 기획된 게임이 흥행한 경우도 있다.

이미 게임을 하고 있는 아이라면, 특히 강제로 끊기 힘들다면 좋은 게임을 하고, 게임을 하는 시간을 좀 더 유용하게 보내도록 하는 것도 좋다. 부모의 통제 아래라고 해도 게임을 할 수 있다면 그 시간만큼은 아이에게 가장 즐거운 시간일 것이다. 아울러 현실에서 느껴보지 못한 공간 속에서 상상의 나래를 펴면 독창적인 시각을 가질 수 있다. 이는 창의적 사고 증진에도 도움이 된다.

최근 게임 업계의 가장 큰 이슈는 바로 가상현실(Virtual Reality, VR)과 증강현실(Augmented Reality, AR)이다. 가상현실과 증강현실은 게임뿐만 아니라 IT 산업 전반에 큰 영향을 미치고 있으며, 대표적인 결과물로는 컴퓨터로 만들어 놓은 가상의 세계에서 사람이 실제와 같은 체험을 할 수 있도록 하는 VR 체험 등이 있다. 최근 게임에서도 VR을 적용하는 사례가 늘고 있으며 머리뿐만 아니라 손과 발 등 다양한 신체 부위를 이용하기 때문에 아이들의 관심도 높다.

AR 역시 주목을 받고 있다. 몇 년 전 선풍적인 인기를 끈 게임 「포켓몬 고」 때문이었다. 어른이고 아이고 너나 할 것 없이 길거리를 걸어 다니며 여기저기 스마트폰을 들이댔다. 특히 VR이 헤드셋을 통해 가상의 세계를 여행하는 것이라면, AR은 실제 현실 세계에서 디지털 세계를 여행하는 것이다. 현실 속 이미지에 3차원의 가상의 이미지를 접목했기 때문이다. 가상현실은 헤드셋을 벗는 순간 가상 공간과 완전히 별개인 현실 세계로 돌아오지만, 증강현실에서는 여전히 현실 세계에 발을 붙이고 있다는 장점이 있다.

폭력적인 게임, 중독성 높은 게임 대신 「마인크래프트」 같은 게임과 VR, AR을 이용한 콘텐츠를 이용해보자.

B. 이렇게 활용하자

게임은 가상 공간에서 이뤄진다. 이에 시공간을 추론해야 하는 능력을 이용해야 하는 게임이 좋다. 대표적인 장르가 바로 오픈 월드(Open World) 게임이다. 오픈 월드 게임은 말 그대로 가상의 열린 세상을 이곳저곳 돌아다니는 게임이다. 다른 게임처럼 공간적인 제약이 없고 구성 요소를 자유롭게 바꿀 수 있어 마음대로 이동할 수 있다. 대표적인 오픈 월드 게임인 「마인크래프트」는 교육용 콘텐츠로도 호평을 받은 바 있다.

이러한 시도는 80년대에도 있었다. 일본 카시오사에서 제작한 「요괴의 집」은 당시 파격적인 형식으로 눈길을 끌었다. 일반적인 게임의 경우 해당 스테이지의 최종 보스를 물리쳐야 다음 판으로 넘어갈 수 있었는데, 요괴의 집은 이곳저곳을 누비며 아이템을 모으는 방식을 채택했다. 이번 판을 다 끝마치지 않아도 다음 판으로 넘어갈 수 있고, 다시 이전 판으로도 돌아올 수 있는 구조였다. 그렇게 이곳저곳을 돌아다니며 해당 아이템을 모아야만 각 스테이지의 최종 보스를 만날 수 있었다.

선형 경로로 움직이던 게임이 주류를 이루던 게임 시장에 공간의 제약을 없애버리고 게이머의 전략과 판단을 중요시하게 만든 게임들의 등장은 혁명이었다. 정해진 경로도, 필승 공식도 없었다. 게임에 임하는 사람은 매 순간 전략을 수립하고 결정을 내려야 하는데, 이 각각의 결정들과 판단이 수백 가지의 조합의 스토리를 만들어냈다. 게임을 하면서 매번 새로운 경험을 할 수 있는 것이다.

오픈 월드 게임에 익숙해졌다면 VR과 AR 콘텐츠로 관심을 이어가는 것도 좋다. 특히 VR은 현실에 존재하지 않는 공간이고, AR은 현실 공간에 가상의 공간을 입힌 것이기 때문에 업그레이드된 오픈 월드 게임이라고 해도 손색이 없다. VR과 AR 공간 속을 누비며 다양한 콘텐츠들을 접하고 이를 흡수하는 것 자체가 아이들에겐 게임이 될 수 있다. 주위에 다양한 콘텐츠들을 갖춘 VR 체험관, AR 체험관이 있으니 검색해보고 어떤 체험이 아이가 즐겨 하던 게임과 흡사하며 흥미를 느낄 수 있을지 찾아보는 것도 좋다.

아울러 게임 후엔 '오늘은 가상의 공간을 통해 어디를 다녀왔니?', '그 증강현실은 스토리가 어떻게 전개되는데?' 같은 질문을 던지는 것이 좋다. 다른 엄마들처럼 게임한다고 잔소리하는 것이 아니라 오히려 관심을 두는 엄마라면 아이의 마음이 다치지 않으면서 게임을 통한 교육적 효과도 높일 수 있다. 아래의 체크리스트를 통해 아이가 즐기는 게임을 분석하고 이에 걸맞은 VR, AR 콘텐츠를 찾아주면 좋다.

- 입체적이고 다양한 시공간을 제시하는 콘텐츠
- 비폭력적이고, 단계마다 스스로 전략을 짜서 해결해야 하는 콘텐츠
- 오감을 자극해 상상력과 창의력을 이끌어 내주는 콘텐츠

- 재미있게 교과과정을 배울 수 있는 콘텐츠
- 아이의 성향을 파악해서 콘텐츠 고르기(체크리스트 참고)

게임 및 VR, AR 체크리스트

질문	대답
하루 중 게임에 소비하는 시간은?	◯ 두 시간 이상 ◯ 한 시간 ◯ 30분 이내 ◯ 주 1~2회 ◯ 하지 않는다 ◯ 기타
게임을 하는 이유는?	◯ 재미있어서 ◯ 스트레스 해소 ◯ 목표 달성 후의 성취감 때문에 ◯ 친구와 소통하고 놀기 위해 ◯ 기타
자주 하는 게임 장르는?	◯ 액션, 슈팅 ◯ 롤플레잉(RPG) ◯ 스포츠 ◯ 기타
VR, AR 체험 경험은?	◯ 주 1회 이상 자주 한다 ◯ 월 1~2회 정도 ◯ 거의 하지 않는다, 해본 적 없다 ◯ 기타
체험하고 싶은 VR, AR 장르는?	◯ 포켓몬고 같이 VR, AR을 이용한 게임 ◯ 과학 관련 탐험 콘텐츠(인체 탐험, 공룡 탐험, 우주탐험 등) ◯ 학습 콘텐츠 ◯ 기타

C. 좋은 콘텐츠 vs 나쁜 콘텐츠

건전하면서도 아이들의 창의성을 길러주는 게임, 혹은 아이가 교육용 게임을 재미있게 받아들여 주는 것이 부모가 생각하는 가장 이상적인 게임의 모습일 것이다. 하지만 유감스럽게도 현실은 그렇지 못하다. 아이들이 게임하는 모습을 상상하는 부모의 모습은 대체로 이렇다. 총을 쏘거나 폭력을 행사하여 상대방을 쓰러뜨리고 최고의 자리에 오르는 것이다. 게임 구조가 단순하고 폭력성을 띠고 있는 만큼 교육용으로는 적합하지 않다. 오픈 월드나 RPG 게임이라고 해서 다르지 않다.

이에 부모 대부분이 폭력적인 게임을 지양하고 되도록 비폭력 장르의 게임을 하도록 유도한다. 하지만 비폭력 장르라고 해서 문제가 없는 것은 아니다. 요즘 게임은 일정 이상 노력을 쏟으면 레벨이 올라가거나 아이템을 얻는 구조로 되어 있다. 문제는 요즘 대부분 게임들이 수익 창출을 위해 결제를 통해 쉽게 아이템을 구매할 수 있도록 했다는 것이다. 노력해야지만 아이템을 얻을 수 있는 것이 아니다. 이런 게임은 과소비와 사행심을 조장할 수 있어 시키지 않는 것이 좋다. 행여 아이템을 획득하는 게임이라 해도 절대 돈으로 아이템을 사지 않게 하는 것이 바람직하다.

아울러 요즘 게임들은 대부분 멀티 플레이를 통해 상대방과 대결을 펼치는 경우가 많은데, 이 과정에서 욕설 비속어 등이 오고 갈 수 있으며 지나친 승부욕 등으로 공격적인 성향이 길러질 수 있다. 이에 멀티 플레이보다는 솔로 플레이를 하는 것이 좋다.

좋은 콘텐츠

- 시공간을 추론해나가야 하는 오픈 월드 콘텐츠
- 단계마다 역할을 수행해야 하는 RPG 콘텐츠
- 상상력과 창의성을 길러주는 콘텐츠
- 학습 연계 등 교육적인 콘텐츠
- 다양한 간접경험을 도와주는 콘텐츠

나쁜 콘텐츠

- 폭력성이 높은 콘텐츠
- 아이템 거래 등 사행심을 조장하는 콘텐츠
- 멀티 플레이 위주로 운영되는 콘텐츠
- 가상공간이 단편적인 VR 콘텐츠, 현실 공간을 잘 이용하지 못하거나 오류가 많은 AR 콘텐츠
- 눈과 귀 등 신체에 피로도를 주는 콘텐츠

D. 생각의 방 채우기 추천 콘텐츠

- 오픈 월드+RPG

좋은 게임은 오픈 월드를 바탕으로 RPG(Role Playing Game, 역할 수행 게임)요소를 더한 게임이다. RPG는 게임 속 캐릭터의 역할 수행을 통해 게임 속 문제를 하나씩 해결해나가는 과정을 통해 창의성과 자율성을 기를 수 있다. 대표적인 게임은 「마인크래프트」다. 또한, 오픈 월드를 탐험하며 다양한 문화를 감상하는 교육용 콘텐츠 「어쌔신 크리드」도 역사와 지리 배경지식을 쌓는 데 도움이 된다.

마인크래프트

어쌔신 크리드

동물의 숲

한편, VR, AR 콘텐츠는 게임에서부터 학습용 콘텐츠에 이르기까지 다양하다. 전국 각지에 체험관도 잘 마련되어 있으며 가정용 VR 기기도 쉽게 구매할 수 있다. AR도 스마트폰과 태블릿만 있어도 충분히 체험할 수 있을 만큼 다양한 앱이 있다.

- 학습과 연계된 VR 콘텐츠

가상의 공간에서 아이들의 호기심을 자극해 학습 활동이 즐거워진다. 입체적인 시각과 오감을 통해 입체적으로 정보를 접하므로 학습 내용 습득에 유용하다. 직접 몸속 이곳저곳을 돌아다니며 신체에 대해 배우고, 가상의 숲을 누비며 동물과 식물들에 대해 배우기도 한다. 또한 타임머신을 타고 과거로 돌아가 역사의 현장이나 역사 속 위인을 만나볼 수도 있다. 이 과정을 통해 역사에 대한 지식을 쌓기도 한다.

ex. 인체 탐험, 자연 학습, 과거 역사 여행 등

- 돌 플레이 북(Doll play book)

AR을 통한 책 읽기. 돌 플레이 북은 책과 연동된 앱을 실행하면 눈앞에서 책 속 등장인물이 살아 움직이고 그들을 통해 이야기가 전개되므로 흥미를 느끼기에 좋다. 책 읽기 싫어하는 아이들에게 적합하다.

이 중 오픈 월드 게임인 「마인크래프트」와 「동물의 숲」을 이용해 생각의 방을 채워보겠다.

시공간을 자유롭게 누비며 주변 환경을 가꾸고 설계하는 게임 「마인크래프트」, 「동물의 숲」을 해보고 생각의 방을 채워보자.

각 게임별 개요 작성

제목	마인크래프트
주제	모든 것이 블록으로 이루어진 세계에서 생존하면서 자유롭게 건축을 할 수 있는 게임
줄거리	홀로 게임을 진행한다면 보스를 찾아 잡거나 생존을 목표로 게임을 할 수 있다. 네 등급의 난이도로 나누어져 있다. 난이도가 낮을수록 공격적인 적이 적게 나온다. 아울러 게임 모드는 서바이벌 모드, 크리에이티브 모드, 어드벤처(모험) 모드, 관전자 모드 네 가지로 나뉜다. 가장 기본적인 게임 모드는 서바이벌 모드로, 나무, 석탄 등의 생존과 건축에 필요한 재료를 수집하고, 이 재료들을 이용해 건물 등을 짓는다.
떠오르는 단어, 문구, 문장을 자유롭게 기록	생존, 건축, 벽돌, 건물 짓기, 기계 등

제목	동물의 숲
주제	동물들이 사는 숲속 마을에서 자신의 캐릭터를 움직이며 살아가는 게임
줄거리	일정 조건을 달성하면 집을 확장하거나 마을을 꾸밀 수 있다. 또한 마을 주민들에게 명령을 내릴 수도 있고, 채취한 물건을 팔 수도 있다. 다만 다른 게임처럼 무언가를 반드시 해내야 하는 강제적인 목표는 없어 자유롭게 게임을 이용할 수 있다. 아울러 실제 날짜와 시간이 그대로 게임 내에 반영되기에 계절과 시간의 변화를 느끼며 게임을 진행할 수 있으며 매일매일 조금씩 연결해서 게임을 진행할 수 있는 장점이 있다.
떠오르는 단어, 문구, 문장을 자유롭게 기록	숲, 나무, 열매, 채취, 사냥, 낚시, 물건 팔기, 마을 사람들, 동물들 등

두 개요를 종합한 생각의 방

생각의 방 이름 : 시공간을 자유롭게 누비는 오픈 월드 게임

활용 콘텐츠 : 게임 「마인크래프트」 「동물의 숲」

특징 : 내가 조종하는 캐릭터가 자유롭게 게임 속 공간을 누비며 집을 짓고 경작도 하면서 생존. 게임이 이끄는 대로 따라가는 것이 아니기 때문에 다양한 게임 스토리가 존재하며, 어제 했던 게임을 이어서 하는 등 게임 스토리를 축적할 수 있다.

> **마인크래프트**
>
> 생존, 건축, 벽돌, 건물 짓기, 기계 등

> **동물의 숲**
>
> 숲, 나무, 열매, 채취, 사냥, 낚시, 물건 팔기, 마을 사람들, 동물들 등

생각의 방을 정리하고 탈출하는 방법은 '디지털 콘텐츠를 이용한 생각의 방 탈출- 게임을 이용한 생각의 방 탈출'(179p 참고)에서 자세히 다루도록 하겠다.

4) 오디오북, 웹툰을 이용한 생각의 방 채우기

A. 오디오북, 웹툰의 특성과 교육적 배경

오디오북이 출판 시장을 뒤흔들고 있다. 등장 초기만 해도 책 읽기 귀찮은 사람들을 위한 발명품 정도로 여겼지만, 이젠 책의 확장이자 책의 혁명이라는 평가를 받는다. 오디오북 시장은 스마트폰, 인공지능(AI) 스피커의 등장과 맞물려 폭발적으로 성장하고 있다. 오디오북이 주목을 받으면서 주요 출판사에서는 책 출간 시 오디오북 출간을 병행하고 있다. 오디오북을 듣고 나서 책으로 넘어오는 독자들도 증가하고 있다.

웹툰 역시 엄청난 문화적 파급 효과를 끼치고 있다. 뉴미디어 플랫폼과 결합해 시장 규모는 나날이 커지고 있고, 영화나 드라마 시장에 지대한 영향을 끼치고 있다. 영화 「신과 함께」, 「내부자들」, 드라마 「이태원 클라쓰」, 「김비서가 왜 그럴까」, 「미생」 등 흥행에 성공한 영화와 드라마들 역시 웹툰 원작을 바탕으로 제작되었다. 특히, 웹툰 작가는 유튜버, 프로게이머와 함께 아이들에겐 선망의 직업이다.

무엇보다 오디오북과 웹툰은 책 읽기 싫어하는 아이들에게 책 대신의 훌륭한 대안이 될 수 있다. 책의 스토리라인은 따라가되, 읽기라는 하기 싫은 행위를 하는 것이 아니라 소리로 듣거나(오디오북) 그림으로 보면(웹툰) 되기 때문이다.

오디오북은 어린 시절 엄마가 그림책을 읽어줄 때 재미있게 듣던 환경과 비슷하다. 웹툰도 마찬가지다. 어린 시절 책은 한 줄도 읽기 힘들었지만 만화책은 술술 읽어내려갔던 경험이 있었을 것이다. 요즘 아이들이라고 해서 크게 다를 건 없다.

오디오북은 들고 다녀야 하는 번거로움이 없으며 손과 눈이 쉴 수 있어 더욱 자유로운 환경에서 접할 수 있다. 또한 오디오북은 이어폰을 끼고 듣는 경우가 많아 외부와 차단된 채 책에 오롯이 집중할 수 있다.

요즘은 딱딱한 기계음 대신 성우나 유명인사들이 친근하고 부드러운 목소리로 낭독하기 때문에 듣기에 큰 부담은 없다. 여기에 효과음 배경음악 등 다양한 소리를 이용해 재미를 배가시킨다. 특히 오디오북은 빨리 듣기를 통해 속독 효과를 기대할 수도 있고, 들었던 지점부터 이어서

들을 수도 있으며, 흥미를 느낀 부분은 몇 번이고 다시 들을 수 있다. 자유자재로 활용 가능하다는 장점이 있는 것이다.

웹툰 역시 그림 위주의 스토리 전개와 많지 않은 텍스트로 인해 읽기에 부담이 없어 아이들에게 인기를 끌고 있다. 여기에 각양각색 캐릭터들이 보는 재미를 더하고 있다. 웹툰은 어린 시절 만화책처럼 공부에 전혀 도움이 안 되는 쓸데없는 책, 애들이나 보는 수준 낮은 책이 아니다.

 윌라오디오북   네이버오디오클립

B. 이렇게 활용하자

앞서 요즘 아이들의 특징을 언급하면서 접하는 정보의 양과 생각의 질이 비례하지 않는다고 지적한 바 있다. 아는 것이 많지만 생각의 경직으로 인해 지식의 깊이가 얇고 단편적인 데다, 정보를 받아들이는 태도도 수동적이다.

이런 문제들은 책을 읽으면서 어느 정도 해결할 수 있다. 한 글자 한 글자 읽어내려가면서 내용을 머릿속에 새기고, 텍스트를 조합하고 유추해 전개되는 흐름을 파악하는 과정을 통해 해결하는 것이다. 하지만 중요한 건 아이들이 좀처럼 책을 읽으려 하지 않고 흥미를 붙이기 힘들어한다는 것인데, 오디오북과 웹툰 활용으로 이 문제를 해결할 수 있다.

책이 텍스트만으로 상상력을 자극하고 논리적이고 체계적인 사고를 하도록 만들듯이, 오디오북은 소리를 중심으로, 웹툰은 그림을 중심으로 두뇌에 자극을 준다. 이런 닮은 점을 적극적으로 활용한다면 책 읽는 효과를 거둘 수 있다. 소리를 듣고 그림을 보면서 이야기의 핵심을 파악하고 책이 묘사하는 내용을 머릿속으로 떠올리고 연결하는 것들이다.

오디오북, 웹툰 콘텐츠에 대한 아이의 생각을 파악해보자.

오디오북, 웹툰 체크리스트

질문	대답
하루 중 책을 읽는 시간은?	○ 한 시간 이상 ○ 한 시간~30분 ○ 책을 읽지 않는다 ○ 기타
책을 읽지 않는 이유는?	○ 재미없고 지루해서 ○ 공부로 인해 책 읽을 시간이 없어서 ○ 게임, 유튜브 시청 등 다른 볼거리 때문에 ○ 기타
책을 읽는다면 읽고 싶은 장르는?	○ 소설 ○ 위인전, 전기 ○ 유튜버 등 유명인이 쓴 책 ○ 에세이 ○ 학습과 연계된 책 ○ 기타
오디오북 이용 경험은?	○ 주 1회 이상 자주 한다 ○ 월 1~2회 정도 ○ 거의 하지 않는다, 해본 적 없다 ○ 기타

웹툰 이용 경험은?	○ 매일 ○ 주 2~3회 이상 ○ 월 1~2회 ○ 거의 하지 않는다, 본 적 없다 ○ 기타
자주 이용하는 오디오북, 웹툰 장르는?	○ 소설 ○ 위인전, 전기 ○ 유튜버 등 유명인이 쓴 책 ○ 에세이 ○ 학습과 연계된 책 ○ 기타

C. 좋은 콘텐츠 vs 나쁜 콘텐츠

오디오북의 가장 큰 장점은 유튜브, 영화, TV, 게임처럼 걸러내야 할 콘텐츠가 거의 없다는 점이다. 서점에 비치된 책들 중 아이들에게 어렵거나 딱딱한 책들이 있을지언정, 아이들이 봐서는 안 되는 책이 없는 것과 같다.

월라, 네이버 오디오클립, 스토리텔, 팟빵 등 주요 오디오북 플랫폼도 마찬가지다. 시내 대형 서점처럼 어린이 청소년 카테고리엔 위인전이나 동화뿐만 아니라 다양한 콘텐츠들이 있다. 또한 소설, 에세이 등 성인 소재 중에서도 교훈을 줄 수 있거나 상상력을 자극할 수 있는 콘텐츠들도 있다.

관심 분야의 오디오북 콘텐츠를 선택해도 좋다. 카테고리별로 상세히 구분되어 있으므로 검색해서 먼저 들어보고 지나치게 어렵지 않은 책으로 선택해준다.

아울러 추후 생각의 방 탈출 활동을 염두에 두고 종이책과 연계하거나 비교할 수 있는 오디오북을 고르는 것도 좋다. 오디오북에서 이미 한번 들어본 내용인 만큼, 종이책을 읽고 내용을 파악하는데 수월하며, 종이책과 오디오북을 비교하고 대조하는 활동을 통해 생각을 키울 수 있다.

다만 무협 소설, 범죄수사물 등 폭력적인 내용을 다루고 있는 콘텐츠는 피하는 것이 좋다. 또 유명 작가의 집필 작이나 베스트셀러라고 해서 다 좋은 건 아니다. 아이에게 어려울 수 있다.

웹툰의 경우 가장 손쉽게 접근하는 방법은 장르별로, 작가별로 선택하는 것이다. 웹툰에도 여러 장르가 있는데 폭력성이나 선정적인 소재의 웹툰은 피하는 것이 좋다. 초등학생 연령대라면 일상생활 속 에피소드를 소재로 다룬 웹툰이나 감성 웹툰, 코믹 웹툰 등 건전한 방법으로 감수성을 자극하는 웹툰이 좋다. 또한, 작가들을 웹툰 신정의 기준으로 삼아도 좋다. 다양한 장르를 넘나드는 작가들도 있지만 보통 선호 장르나 대표 장르가 있는 경우가 많기 때문이다.

장르별, 작가별 구분 이외에 또 다른 방법은 웹툰의 속성을 이용하는 것이다. 웹툰은 글과 그림을 병행해 이야기를 풀어나간다. 특히 글을 빼꼭히 채워 넣는 대신 인물의 표정, 사건의 묘사 등을 그림으로 표현하기 때문에 책과 비교해 여백이 많다. 그런 만큼 지나치게 많은 그림과 대사를 사용한 웹툰보다는 간결하게 그려내 행간의 의미를 파악하고 상상력을 자극하는 웹툰, 자유롭고 기발한 표현기법을 다양하게 구사하는 웹툰이 좋다. 이런 콘텐츠들은 추후 생각의 방 탈출 시 다양한 응용 활동에 도움도 된다.

[오디오북] 좋은 콘텐츠

- 종이책과의 연계 활동이 수월한 콘텐츠
- 교훈을 주거나 상상력을 자극할 수 있는 콘텐츠
- 풍부한 어휘를 사용한 콘텐츠
- 부드럽고 편안한 목소리로 낭독한 콘텐츠
- 음악, 효과음 등 다양한 장치를 동원한 콘텐츠

[오디오북] 나쁜 콘텐츠

- 전문지식을 깊이 있게 다루거나 아이들이 이해하기 어려운 개념을 다룬 콘텐츠
- 무협지, 범죄수사물 등 폭력적인 내용을 다룰 수밖에 없는 콘텐츠
- 내용이 지나치게 길어 지루함을 느낄 수 있는 콘텐츠

[웹툰] 좋은 콘텐츠

- 생동감 있게 그린 콘텐츠
- 텍스트가 많지 않고, 인물 표정 사건 묘사 등을 간결하게 그려내 생각할 여백이 많은 콘텐츠
- 감수성을 자극하는 콘텐츠
- 건전한 웹툰을 꾸준히 그리는 작가의 콘텐츠

[웹툰] 나쁜 콘텐츠

- 폭력성 선정성이 높은 콘텐츠
- 논란을 일으키거나 물의를 일으킨 작가가 그린 콘텐츠
- 텍스트가 지나치게 많아 생각할 여백이 적은 콘텐츠
- 그림 퀄러티가 떨어지거나, 그림이 지나치게 많은 콘텐츠
- 지나치게 많은 색상을 사용해 눈의 피로를 증가시키는 콘텐츠

D. 생각의 방 채우기 추천 콘텐츠

- 「토토의 이야기 나라」(팟빵)

  창작 동화를 읽어주는 채널. 명작동화나 위인전 등 아이들이 알고
  있는 이야기거나 지루해 할만한 이야기가 아닌 참신한 동화들을 선
  별해 읽어준다.

- 네이버 오디오클립

  네이버 오디오클립엔 동화를 비롯해 강연, 문화 예술 등 다양한 카
  테고리의 오디오 콘텐츠가 있다. 특히 대교 『Who?』 시리즈는 국내
  외 위인들의 이야기들을 흥미롭게 그려냈다.
  ex. 『Who? 한국사』, 『Who? 세계위인전』 등

- 윌라

  오디오북 시장의 신흥 강자. 특히 주니어 카테고리엔 동화와 위인전
  을 비롯해 아이들이 들을만한 콘텐츠들이 많다.

- 웹툰

  소방관, 청각장애인 등 우리 주변 이웃들의 다양한 삶과 그 속에서
  일어나는 에피소드들을 감성적이고도 감동적으로 그린 웹툰들
  ex. 「1초」, 「나는 귀머거리다」, 「유미의 세포들」, 「모죠의 일지」

이 가운데 오디오북 「코는 왜 가운데 있을까」와 웹툰 「모죠의 일지」
를 듣고 본 후 생각의 방을 채워보겠다.

눈 코 귀 입 등 각자 중요한 역할을 하는 신체가 조화롭게 자리 잡
아 얼굴이 완성되었다는, 우리는 모두 각자 쓰임새가 있는 중요한 존재

라는 것을 일깨워주는 오디오북 「코는 왜 가운데 있을까」와 내성적이지만 나름대로 소신 있는 캐릭터 모죠가 겪는 일상의 다양한 에피소드를 담은 「모죠의 일지」를 읽은 뒤 생각의 방을 채워보자.

 코는 왜
가운데 있을까
오디오북

 모죠의 일지

개요 및 생각의 방

제목	코는 왜 가운데 있을까
주제	우리는 모두 각자 쓰임새가 있는 중요한 존재다
줄거리	얼굴에 있는 눈, 코, 귀, 입은 자신이 제일 중요하다며, 얼굴 가운데 자리 잡기를 원한다. 누가 제일 중요한지 알아보겠다며 눈, 코, 귀, 입은 하던 일을 멈췄다. 보이지 않고 들리지 않고 말하지 못하는 것도 불편했지만 가장 불편한 건 숨을 쉬지 못하는 것이었다. 그래서 코가 얼굴 가운데 위치하는 것이고 눈, 귀, 입도 자신의 역할을 가장 잘 할 수 있는 자리에 위치하면서 사람 얼굴 모양이 비로소 완성되었다.
떠오르는 단어, 문구, 문장을 자유롭게 기록	눈, 코, 귀, 입, 얼굴, 생김새, 숨쉬기, 중요한 것, 역할

제목	모죠의 일기
주제	일상 속 다양한 에피소드 속 삶의 깨달음과 여러 감정을 표현
줄거리	'집콕' 하는 작가가 겪는 일상, 여행기, 새로운 일 도전 등 다양한 일상 속 체험 소재
떠오르는 단어, 문구, 문장을 자유롭게 기록	모죠, 작가, 작가와 닮은 캐릭터, 에피소드, 유머, 웃음, 눈물, 감정, 관찰

생각의 방을 정리하고 탈출하는 방법은 '디지털 콘텐츠를 이용한 생각의 방 탈출- 오디오북, 웹툰을 이용한 생각의 방 탈출'(184p 참고)에서 자세히 다루도록 하겠다.

08

미디어 콘텐츠를 이용한
방 채우기

A. 미디어 콘텐츠 특성과 교육적 배경

미디어 콘텐츠의 대표주자는 뉴스다. 뉴스를 게재하는 대표 매체는 신문과 TV였지만 뉴미디어 시대를 맞아 최근엔 포털 사이트, 유튜브, SNS 등 다양한 플랫폼에서 뉴스를 접하고 있다.

특히 아이들도 유튜브에 올라온 방송사의 뉴스 클리핑 영상, 언론사의 SNS 계정 혹은 SNS상에서 여러 사람에게 회자되며 공유되는 뉴스들을 주로 소비한다. 아이들과 뉴스는 떼려야 뗄 수 없는 관계다.

그렇게 아이들이 접하는 뉴스엔 여러 종류가 있다. 세상 다양한 곳에서 일어나는 일들을 전해주는 기사(신문 기사, 방송 기사 모두 포함), 언론사의 입장과 주장이 담긴 사설과 칼럼, 인터뷰, 사진 기사, 만화와 만평 등 종류도 다양하다. 그중 기사는 뉴스의 꽃이자 핵심이다.

기사는 세상에서 벌어지고 있는 일들을 전해주는 글로써, 국어사전에서는 사실을 보고 그대로 적은 글이라고 정의하고 있다. 특히, 기사는 논리적인 글의 보고다. 자주 접하면 논리적인 사고의 흐름과 논리 전개 방식을 자연스럽게 체득할 수 있다. 기사의 특성과 기사를 작성하는 기본 원칙은 다음과 같다.

a. 기사의 특성

- 정확성: 정보전달이 목적이므로 정확한 정보를 전달해야 한다. 정보 전달 과정에서 빠지거나 부풀리면 안 된다
- 객관성: 객관적 사실 전달을 위해 기자의 개인적인 생각은 배제하고 사실 그대로 정확하게 써야 한다
- 간결성: 신속하게 정보를 전달해야 하므로 핵심만 짚어서 군더더기 없이 작성해야 한다

b. 기사의 원칙

- 육하원칙에 따라 간결하게 쓴다

  *육하원칙(5W 1H): 기사에 반드시 담겨야 할 여섯 가지 기본 요소. 누가(Who), 언제(When), 어디서(Where), 무엇을(What), 왜(Why), 어떻게(How)
- 신속한 전달을 위해 기사의 주제를 먼저 작성한 뒤 내용을 풀어간다

B. 이렇게 활용하자

기사의 주 플랫폼이 오프라인에서 온라인으로, 온라인에서도 인터넷 포털에서 유튜브와 SNS로 옮겨지고 있다. 신문 지면이나 TV 뉴스는 공간과 시간의 제약으로 인해 모든 뉴스를 다 담을 수도 없었고, 뉴스의 분량도 제한할 수밖에 없었다.

하지만 시간과 공간의 제약이 없는 온라인 모바일 중심으로 뉴스가 게재되기 시작하자 언론사들의 기사 생산도 기하급수적으로 늘어났다. 이에 경쟁은 더욱 치열해졌고 트래픽(기사 조회 수)이 잘 나가는 매체의 척도가 되자 각 언론사는 클릭을 유도하기 위한 자극적 뉴스를 생산하고 있다.

기사는 영화나 TV처럼 연령별 등급이 있는 것도 아니고, 접근도 쉬워 아이들에게 사실상 무방비로 노출된 상태다. 다른 어떤 콘텐츠보다 부모의 제어가 중요하고, 아이의 비판적 수용이 요구된다.

아울러 아이가 주로 어느 플랫폼으로 뉴스를 접하고, 어떤 기사를 보는지 파악해서 기사 선택 시 참고하는 것도 좋다.

기사 선택 체크리스트

질문	대답
하루에 접하는 기사 개수는?	○ 5개 이상 ○ 2~3개 ○ 1개 ○ 읽지 않는다 ○ 기타
기사는 어느 경로를 통해 접하나?	○ 신문/어린이 신문 ○ TV 뉴스 ○ 유튜브 ○ SNS ○ 기타
자주 읽는 기사 장르는?	○ 연예, 스포츠 기사 ○ 게임 기사 ○ 정치, 경제 등 시사적인 기사 ○ 방학, 입시 등 학교와 교육과 관련한 기사 ○ 또래 친구들을 다룬 기사 ○ 기타

기사 선택 기준

이런 기사를 택하자

- 아이들 관심사(유튜버, 게임 소식 등)를 다룬 기사 중 생각할 거리를 던져주는 분석 기사나 비판 기사
- 좋아하는 인물, 장래 희망 분야의 성공한 인물, 롤모델이 될만할 인물 기사와 인터뷰
- 내 생활과 밀접하게 연관된 기사(코로나로 인한 개학 연기, 교복, 입시 제도 등)
- 자르고, 오려 붙이고, 색칠하는 등 다양한 활용이 가능한 기사
  (주로 사진이나 만평 등)

이런 기사를 피하자

- 지나치게 어려운 단어와 문장을 구사한 기사(ex. 시사용어, 경제용어 등)
- 부정적이거나 혐오스러운 내용을 담은 기사(ex. 연쇄살인, 성폭행 등)
- 자극적으로 제목이나 썸네일(대표 이미지)을 달아 클릭을 유도하는 기사
- 언론사나 기자 개인의 주관적 의견이 지나친 기사(ex. 신문사 논조가 뚜렷한 기사)

C. 좋은 콘텐츠 vs 나쁜 콘텐츠

양질의 기사는 우리에게 정보를 제공해주고, 사회 문제에 대한 비판적이고 균형 잡힌 시각을 제공해준다. 양질의 기사로 우리에게 도움을 주는 언론사와 기자들은 분명히 있다. 단순 사실을 전달하는 데 그치지

않고 다각도도 분석한 기사, 천편일률적인 기사들 가운데 다른 시각을 제공하는 기사, 쉽게 풀어쓰고 문장 길이가 지나치게 길지 않은 기사들은 아이들이 접하기에 좋다. 특히 좋은 언론, 좋은 기자의 기사를 쏙쏙 골라보면 생각의 방을 채우는 데 유용할 것이다. 아직 어린이용 신문도 계속 출간되고 있다. 아이들을 대상으로 출간되기에 나쁜 콘텐츠는 걸러져 있고 아이들이 좋아할 만한 콘텐츠와 중요한 시사를 쉽게 풀어놓은 콘텐츠도 많다. 좋은 콘텐츠를 고르기 힘들다면 어린이 신문을 적극 활용해보자.

TOL TIP
특정 언론사/기자 기사만 쏙쏙 골라 보는 법

기사가 가장 많이 소비되는 주요 포털에서는 특정 언론사 구독 기능과 특정 기자의 기사만 골라볼 수 있는 검색 시스템이 있다. 네이버를 예로 들면, 네이버 PC 버전과 모바일 버전 홈 화면(실행 시 처음으로 보이는 화면)엔 '언론사 구독 설정하기' 버튼이 있다. 버튼을 누르면 네이버와 뉴스 공급 계약을 맺은 언론사 리스트가 뜨는데, 마음에 드는 언론사를 클릭한 후 선택 완료 버튼을 누르면 된다.

특정 기자의 기사만 골라보고 싶은 경우엔 다음과 같이 검색하면 된다. 예를 들어 김재윤 기자의 기사만 모아 보고 싶은 경우엔 검색창에 '김재윤'을 입력한다. 이후 뉴스 메뉴를 선택해 들어가고 다시 상단 두 번째 줄 메뉴에 '기자명'을 선택한다. 그렇게 하면 기자명엔 김재윤이 자동 타이핑되어 있고, 적용하기 버튼을 누르면 해당 기자의 기사만 모아볼 수 있다.

〈기자 선택〉

〈언론사 선택 모바일〉

〈언론사 선택 PC1〉

〈언론사 선택 PC2〉

하지만 뉴스라고 해서 모두 사실만을 전달하지는 않는다. 걸러내야 할 나쁜 기사들도 많다. 대표적인 나쁜 기사가 바로 가짜뉴스다. 언론 보도가 신문 기반의 오프라인 뉴스에서 뉴미디어를 기반으로 한 온라인 뉴스로 전환되면서 실시간 속보성 뉴스가 강화되었고, 동시에 공유와 확산도 빨라졌다. 이와 발맞춰 가짜뉴스 논란도 커지고 있다.

과거엔 신문 구독자 수, 판매 부수가 중요했다면 온라인 기반을 중심으로 한 요즘은 기사 조회 수가 중요하다. 기사 조회 수는 매체 서열을 정할 뿐만 아니라 온라인 광고 수익과도 직결된다. 이에 각 언론사에서는 조회 수를 올리기 위해 제목을 자극적으로 뽑거나 기사 내 특정 부분만 부각하거나 반대로 언급을 외면하는 경우도 많다. 가짜뉴스 논란이 끊임없이 불거지는 것도 이와 무관하지 않다.

위에서 말했지만 아이들은 다양한 매체를 통해 뉴스를 접한다. 그러므로 아이들에게 비판적 시각을 갖게 하는 건 중요한 일이다. 뉴스에 접근할 때는 진위를 가릴 수 있도록 뉴스가 다루는 사건에 대한 자료를 찾아보고, 한 사안에 대해 한 매체의 뉴스만 보지 않고 여러 언론사의 뉴스를 병행해 보면서 비교하게 하는 것이 좋다. 아울러 선택한 기사를 읽거나 볼 때는 항상 육하원칙부터 파악하고, 기사의 주제와 내용을 찾아 중심문장에 밑줄을 긋게 하면서 논리적인 글의 구조를 익히도록 하고, 또 사설 칼럼을 읽을 때는 사실과 주장을 구별해서 읽는 것을 알려주는 것도 좋다. 민주언론시민연합(민언련) 등 언론 관련 시민단체에서는 수시로 좋은 보도와 나쁜 보도를 정해 발표하고 선정 이유를 공개하고 있으니 부모들이 이를 살펴보고 걸러내는 것도 좋다.

이 밖에도 가짜뉴스는 아니지만 사실을 축소하거나 확대한 기사, 왜곡시키거나 독자가 오해를 불러일으키기 쉽게 작성한 기사도 나쁜 기사다. 가짜뉴스를 가려내는 구체적인 방법은 아래의 TIP을 참고하자.

TOL TIP
가짜뉴스 가려내는 법

- 기자 이름 확인하기. 정당한 절차를 밟아 취재해서 기사를 쓴 기자들은 당당히 이름을 밝힌다. 하지만 이름 없이 '이슈 팀', '온라인 뉴스팀 기자' 등으로 되어 있다면 베끼기 기사나 가짜뉴스일 확률이 높다.

- 언론사 옥석 가리기. 클릭했을 때 기사 삭제가 많은 언론사, 기사 수정이 잦은 언론사(기사 제목 바로 밑엔 기사 입력 시간과 수정 시간이 게재되어 있다. 기사 입력 시간만 나와 있는 기사는 수정이 없었다는 의미다), 오보로 인해 정정 보도를 하거나 사과하는 횟수가 잦은 언론사는 가짜뉴스 상습 생산자들이다.

- 포털 실시간 검색어 체크하기. 포털 실시간 검색어는 조회 수를 올리기 가장 좋은 수단이다. 그만큼 많은 사람이 검색하고 있다는 뜻이기 때문이다. 그런 만큼 실시간 검색어가 뜨면 이를 기사화하는 경우도 많다. 그런데 기사 한 건으로는 조회 수 올리기에 한계가 있으므로 마구잡이식으로 일단 쓰고 보는 기사들도 있다. 당연히 가짜뉴스일 확률이 높다

- 이슈 관련성과 날짜 확인하기. 포털 실시간 검색어와 마찬가지로 화제의 인물일 경우 조회 수를 위해 이슈와 관련 없는 기사들도 생산된다. 예를 들어 연예인 A가 결혼 발표로 화제를 모았다면, 결혼과 관계없이 A의 과거 출연작을 소재로 해 기사화하는 경우가 있다. 사실을 썼기 때문에 가짜뉴스가 아닌 것처럼 보이지만, 지금 일어난 일이 아니기 때문에

'새 소식'은 아니다. 뉴스의 본질과 성격을 생각한다면 사실상 가짜뉴스와 다름없다.

- 제목과 본문 내용과의 연관성 파악하기. 조회 수를 올리기 위해 제목을 자극적으로 짓거나 내용을 비틀어서 제목을 짓는 일도 있다. 이 역시 대표적인 가짜뉴스 유형 중 하나다.

- 통계자료 확인하기. 주장을 담은 기사의 경우 주장에 대한 근거로 통계자료를 인용하는 경우가 많은데, 해당 주제와 상관관계가 없거나 지나치게 오래전 자료를 사용해 신빙성이 떨어지는 경우가 있다. 통계자료의 출처를 확인하고 자료를 왜곡하지 않았는지 확인하자. 또 기사 주제와 맞는 통계자료인지 최신 자료인지도 확인하자.

- 가짜뉴스라고 주장하는 사람 의심하기. 가짜뉴스를 역이용하는 경우도 있다. 대표적인 경우가 바로 정치인과 연예인들이다. 이들은 자신과 관련해 부정적인 기사가 게재되면 자신에게 쏟아지는 비난을 돌리기 위해 가짜뉴스라고 발뺌하는 경우가 많은데, 추후 사실로 드러나 망신을 당하기도 한다. 가짜뉴스라고 주장하는 사람이 있다면 그대로 믿을 것이 아니라 그 사람의 주장과 반박 기사를 비교해본다. 또 시간을 두고 추이를 지켜본다.

좋은 기사

- 좋은 언론, 좋은 기자의 기사
- 비판적이고 균형 잡힌 시각을 제공하는 기사
- 남들과 다른 시각을 제공하는 기사
- 쉽게 풀어쓰고 문장 길이가 지나치게 길지 않은 기사
- 아이의 관심사를 잘 다룬 기사
- 최신 정보를 습득할 수 있는 기사
- 좋아하는 인물, 장래 희망과 관련된 인물 기사나 인터뷰

- 기획, 시리즈 등 탄탄한 구성을 지닌 기사

- 토론이나 자기주장을 펼칠 수 있는 기사

- 사진, 그림, 그래프 등 기사의 내용을 잘 뒷받침하는 이미지가 있는 기사

- 자르고 오려 붙이고 색칠하는 등 다양한 활용이 가능한 기사

나쁜 기사

- 지나치게 어려운 단어나 전문적인 용어를 사용한 기사

- 문장의 길이가 길거나 문맥이 자연스럽게 이어지지 않는 기사

- 글자가 작거나 띄어쓰기가 제대로 되지 않아 가독성이 떨어지는 기사

- 살인, 성범죄 등 잔인한 내용의 기사

- 가짜뉴스(TOL TIP 참고)

- 사실을 축소하거나 확대한 기사

- 오해의 소지가 있도록 왜곡을 유도하는 기사

- 클릭을 유도하도록 자극적인 제목이나 사진을 붙인 기사

D. 생각의 방 채우기 추천 콘텐츠

a. 텍스트 기사, 사설 칼럼

- 아이의 관심사를 다룬 기사를 스크랩

ex. 아이가 펭수를 좋아한다면 펭수와 관련한 기사 중 펭수의 동정을 담은 짧은 기사 대신 인기의 현상, 이유 등을 담은 기획 기사를 선택해 스크랩한다. 예를 들면 아래와 같은 기사가 좋다.

'어른이들 입덕시킨 거대 펭귄, 아세요?'
-한겨레, 2019년 10월 11일자

- 상반된 입장을 보이는 서로 다른 두 기사 스크랩

  ex. 코로나19 확산으로 인한 9월 학기제 도입 기사들 중 도입을 지지하는 입장의 기사와 도입을 반대하는 기사를 모두 스크랩

"천재일우의 기회"…경기교육감, '9월 학기제' 공론화

-동아닷컴, 2020년 4월 17일

문 대통령 9월 신학기제 논의에 왜 반대했을까

-미디어오늘, 2020년 3월 23일

- 장래 희망과 관련된 기사 찾기+시리즈 기사 순차적으로 스크랩

  장래 희망에 관한 기사를 찾아 읽다 보면 동기부여가 될 수 있다. 특히 검색 결과에 해당 분야의 권위자나 성공한 사람이 나올 수밖에 없는데 아이들에게 롤 모델이 될 수 있다.

  ex. 장래 희망 분야(게임+유튜브)에서 성공한 인물

[랜선인싸] 집순이 게임 유튜버, 잠들 TV의 성공비결은 '끈기'

-디지털타임즈, 2020년 8월 3일

  ex. 관심사(관심 인물)에 대한 시리즈 기사

[전격 인터뷰-①] 도티 "공부 제쳐두고 게임만 하는 아이 때문에 고민이세요?"

[전격 인터뷰-②] 도티 "꼬마 유튜버 강남 빌딩 샀다고? 성공 요인에 더 집중해야"

-한국경제, 2019년 10월 3일

- 최신 정보, 생활상식 등을 배울 수 있는 기사 스크랩

미래의 산타는 썰매 대신 뗏목 탄다?
-소년한국일보, 2015년 8월 19일

- 토론이나 자기주장을 펼칠 수 있는 기사 스크랩. 아래의 기사를 예로 들면, 신조어를 쓰는 것에 대한 아이의 생각을 물을 수도 있고, 신조어 사용 찬성, 반대에 관한 토론을 벌일 수도 있다.

'헐, 안물, 핵노잼'… 초등학생들이 신조어를 쓰는 이유는?
-KBS, 2016년 10월 5일

- 놀이를 통해 어려운 시사 상식이나 지식을 재미있게 배울 수 있는 기사

어린이 동아일보 시사 퍼즐 코너

- 또한, 아이들 사이에서 유행하는 행동 중 잘못된 행동에 대한 해결점을 모색해보는 토론을 진행할 수도 있다.

"스쿨존에서 차 쫓아가면 돈 번다"…
초등학생 사이 번지는 '민식이법 놀이'
-조선비즈, 2020년 7월 7일

b. 사진 기사

- 사진은 인물과 사건(혹은 배경)으로 나눠서 스크랩
- 인물사진: 아이가 좋아하는 인물, 장래 희망과 관련된 인물, 활짝 웃
  거나 찡그리거나 눈물 흘리는 등 감정 표출을 하는 인물

영앤 리치 보스 키즈 크리에이터 헤이지니

-여성동아, 2020년 5월 28일

'도시락데이' 엄마가 싸준 도시락+편지에 헤이지니, 감동의 눈물

-2020년 4월 12일

- 사건(배경) 사진: 계절의 변화를 느낄 수 있는 사진, 신기한 일 기이
  한 일이 벌어진 현장 사진, 태풍, 폭설 등 자연재해 사진, 다양한 동
  물 사진 등을 선택한다. 특히 한 가지 주제를 두고 서로 다른 모습이
  담긴 사진이면 활용하기에 좋다.
  ex. 자연재해(2020년 장마) 관련 포토뉴스

망가진 고랭지 배추

-강원일보, 2020년 7월 31일

세병교 하부도로 "진입 금지"

-부산일보, 2020년 7월 10일

ex. 코로나19 관련 포토뉴스

해외유입 확진자 연일 두 자릿수 증가
-경향신문, 2020년 8월 2일

코로나 시대 지구촌 마스크 춤
-주간동아, 2020년 7월 27일

'코로나 시대'...비대면 일상이 된 식당 풍경
-매일신문, 2020년 7월 24일

c. 카드 뉴스

- 카드 뉴스는 카드 장수가 너무 많지 않으며, 카드 한 장당 텍스트가 많지 않고 간결하게 요약된 문장이나 문구가 삽입된 것으로 스크랩
- 적절한 사진, 이미지, 그래픽 등을 잘 활용해 가독성이 좋은 뉴스를 스크랩

ex. 카드 뉴스 예시

설날엔 떡국이지…전국 팔도 떡국 레시피
-동아일보, 2020년 1월 24일

사소해 보이지만 엄청 중요한 '코로나19 행동 요령'
-주간동아, 2020년 2월 28일

코로나19로 달라진 일상, 언택트 문화

-한국경제, 2020년 7월 22일

d. 시사만화, 만평

- 현재의 시사 이슈를 잘 반영하고, 관련 기사를 쉽게 찾을 수 있는 만화나 만평을 스크랩
- 네 컷 만화의 경우 기승전결이 뚜렷해 다양한 활용이 가능한 만화를 스크랩
- 한 컷 만평의 경우 내용 압축과 요약이 잘 된 만평을 스크랩
- 캐릭터의 표정과 행동이 생생히 살아있는 만화나 만평을 스크랩
- 간결한 그림채로 눈의 피로를 덜어줄 수 있는 만화나 만평 스크랩

- 만평은 아이들의 상상력을 자극할 수 있는 그림, 재미있는 상황이 담긴 그림이 좋다. 만평 선정 시에는 부모 역시 말풍선 내용을 보지 말고 그림을 먼저 보는 것이 좋다. 추후 생각의 방 탈출 시 다양한 활동을 위해서다.

- 종합일간지 시사만평의 경우 내용 면에서는 어려울 수 있으나, 한 컷의 그림 안에 많은 메시지를 압축적으로 담아내고 있으므로 그림과 등장인물의 상황과 표정이 생생하게 살아있다.

ex. 종합일간지 시사만평 예시

  박용석 만평 -중앙일보, 2020년 7월 31일

박용석 만평 -중앙일보, 2020년 8월 3일

배계규 만평 -한국일보, 2020년 7월 29일

배계규 만평 -한국일보, 2020년 8월 6일

 김용민의 그림 마당

-경향신문, 2020년 8월 3일

- 4컷 만화도 그림을 우선으로 살펴보고, 4컷의 그림 속 개성 넘치는 캐릭터들이 있고 역동적으로 움직이는 만화가 좋다. 그래야 말풍선을 채워 넣을 때 다양한 생각을 자극할 수 있다.

ex. 4컷 만화 예시

  장도리 -경향신문, 2020년 7월 22일

장도리 -경향신문, 2020년 8월 3일

- 어린이 신문들도 만화를 게재한다. 하지만 학습만화인 경우가 많아 그림을 응용하기 어렵거나 말풍선이 지나치게 많은 경우들이 있다. 이런 만화를 제외하고 일상을 소재로 한 만화들이 응용하기 수월하다. 또한 말풍선을 채워 넣기 좋게 그림을 제시하는 매체도 있으니 적극적으로 활용해보자.

ex. 어린이 신문 학습만화 예시

 어린이 조선일보 땡글이   소년한국일보 말풍선

이 가운데 텍스트 기사 '어른이들 입덕시킨 거대 펭귄, 아세요?'를 읽은 뒤 생각의 방을 채워보겠다.

개요 및 생각의 방

제목	어른이들 입덕시킨 거대 펭귄, 아세요?
주제	펭수 인기의 비결과 이유를 분석한 기사
줄거리	EBS 유튜브 채널 '자이언트 펭TV' 구독자 수가 212만 명 (2020년 7월 기준)을 넘어서며 인기를 끌고 있다. 나이 10살, 키 210㎝의 펭귄인 '펭수'는 회사 선배인 뽀로로에게 도전장을 내민 연습생이다. 요즘 초등학생 장래 희망 1위가 크리에이터인 것처럼 펭수 역시 크리에이터를 꿈꾼다. 교훈을 주려 하는 기존 EBS 캐릭터들과는 다른 모습이 인기 비결이다. 특히 펭수는 자신의 감정을 적극적으로 표현하고 신조어도 쓴다. 감히 부를 수 없는 사장의 이름을 시도 때도 없이 언급하거나 당당히 "이직하겠다"고 밝히는 모습에 어른들도 펭수를 좋아한다. 담당 PD는 "어린이 대상이더라도 아이다움을 강조하는 프로그램이 아니라 성인이 봐도 웃을 수 있는 프로그램을 만들고 싶었다. 교훈적인 메시지를 일방적으로 전하기보다 유튜브를 통해 활발히 소통하며 유대감을 맺고 싶었다"고 설명했다.
떠오르는 단어, 문구, 문장을 자유롭게 기록	펭수, 자이언트 펭귄, EBS, 초통령, 뽀로로, 인기, 펭티브이, 유튜브, 크리에이터, 어른들도 좋아한다, 어른이

생각의 방을 정리하고 탈출하는 방법은 '미디어 콘텐츠를 이용한 생각의 방 탈출'(200p 참고)에서 자세히 다루도록 하겠다.

CHAPTER 3

TOL 글쓰기 두 번째 :
생각의 방 정리하기(Organize)

구슬이 서 말이어도 꿰어야 보배. 생각의 방 정리하기에 딱 들어맞는 속담이다. 생각의 방은 사실 채우기를 위한 공간이 아니라 정리하고 탈출하기 위해 만든 공간이라고 봐도 무방하다. 생각의 방 안에 좋은 소재들을 가득 채워 넣었더라도 이를 체계적으로 정리하지 못하면 소용이 없다. 종합적인 사고력도 생각 정리로부터 시작된다.

09

생각의 방,
채우기보다 중요한 건 정리

1) 생각이 없는 게 아니라 경직된 것이다

사고력을 키우기 위해 가장 많이 하는 교육이 바로 말하기와 쓰기다. 책을 읽거나 시청각 자료를 보고 난 뒤 느낀 점을 말하고, 핵심과 주제를 찾아 토론하고, 이 일련의 과정들을 글로 풀어내는 교육 방법이다.

특히 이 과정에서 아이들이 웅얼웅얼하거나 똑 부러지게 조리 있게 말을 하지 못하거나 중언부언하는 경우가 많다. 글을 쓸 때도 마찬가지다. 한두 줄 쓰고 집중력이 흐트러지기도 하고, 많이 쓰긴 했지만 무슨 이야기를 하고자 하는지 파악하기 어려운 경우도 있다. 심지어는 한 줄 쓰는 것조차 힘겨워한다.

이럴 때 부모들은 '우리 아이가 생각이 별로 없다', '사고력이 떨어진다'고 진단한다. 하지만 그렇지 않다. 여러 학생들의 수업을 진행하고 관찰한 결과 오히려 정반대의 경우가 많았다. 요즘 아이들은 예전 아이들에 비해 훨씬 더 많은 지식과 정보를 훨씬 더 손쉽고 빠르게 얻을 수 있다. 다만 쉽게 지식을 얻는 만큼, 지식에 대해 더 고민하거나 더 깊게 생각하지 않는 것뿐이다.

아이들이 자기 생각을 말로 잘 표현하지 못하거나 글로 써 내려가지 못할 경우, 오히려 머릿속에서 여러 생각이 꼬이는 등 생각이 경직된 경우가 많다. 무엇부터 말하거나 써야 할지 몰라서, 일단 시작은 했는데 이를 어떻게 전개해 나갈지 몰라서, 다음 내용으로는 무엇이 적절한지 몰라서 머뭇거리는 것이다. 특히 생각이 정리되어 있지 않은 상태에서 질문을 던지면 사고가 정지될 수밖에 없다. 그래서 '왜'라고 물어보면 '그냥'이라는 대답이 돌아오는 것이다.

그렇다고 다그치거나 재촉하는 것은 금물이다. 반대로 마냥 기다려주는 것도 도움이 되지 않는다. 머릿속에 여러 생각들이 꼬여 있는데 스스로 그 매듭을 풀기엔 벅찰 수 있기 때문이다.

이럴 때 먼저 자녀의 유형을 파악하는 것이 좋다. 질문에 머뭇거리거나 글쓰기를 어려워한다고 해서 원인이 같은 것은 아니기 때문이다. 유형별로 살펴보면 다음과 같다.

- 글쓰기 자체를 버거워하며 한두 줄 쓰고 머뭇거리는 유형
- 글은 써 내려갔지만, 문장으로 표현하지 못하고 단어만 나열하는 유형
- 문장은 만들지만, 글의 완결성이 떨어지는 유형
- 문장의 연결성을 갖췄지만, 자기 생각이 빠진 유형

먼저, 글쓰기 자체를 버거워하는 아이들의 경우부터 살펴보자. 한두 줄 쓰고 머뭇거리는 경우 하기 싫거나 지루해서 집중을 못 하는 것처럼 보일 수 있는데, 중요한 건 그 순간에도 무언가를 생각하고 있다는 것이다. 이런저런 생각이 머릿속을 헤엄쳐 다니는데 어느 생각부터 꺼내 볼

지 모르거나, 먼저 꺼내 본 생각 다음으로 어떤 생각을 이어야 하는지 확신이 없어 사고가 일시 정지된 경우다.

이 경우엔 머릿속에 엉켜있는 생각을 풀어주는 것이 좋다. 단, 부모가 전적으로 통제해서 풀어주는 것은 바람직하지 않다. 일단 머릿속에 떠다니는 생각을 형식과 순서에 관계없이 자유롭게 꺼내 보이게 하자. 반드시 문장일 필요도 없다. 단어도 좋고, 적절한 단어 표현이 어려우면 그림을 그리게 해도 좋다.

또한 바로 글부터 시작하는 것보다는 대화를 통해 생각을 이야기하게 하고, 주제와 연관 있는 단어나 문장부터 우선순위를 정해 재나열하게 한다. 이것만으로도 전과 비교해 훨씬 완성도 높은 글을 쓸 수 있다.

다음으로는 글은 써 내려갔지만 문장으로 표현하지 못하고 단어만 나열한 경우다. 이 경우엔 자기 생각을 꺼내 보이는 데는 어려움이 없지만 그 생각을 표현할 어휘력이나 문장 완성 능력이 떨어지는 경우다.

머릿속에 있는 생각을 꺼내는 데 어려움을 느끼지는 않는 만큼, 일단 자유롭게 머릿속 단어들을 꺼내게 한다. 그리고 나서 주제와 맞는 핵심 단어들의 우선순위를 정한 뒤 그 단어들로부터 파생되는 느낌이나 또 다른 단어를 적도록 한다. 다시 말해 단어 간의 위계를 정하는 것이다. 그렇게 위계가 정해진 단어들을 연결하고 조합하면서 문장구성 능력을 키워주는 것이 좋다.

한편, 단어 나열을 벗어나 문장으로 표현했지만 글의 흐름과 완결성이 떨어지는 일도 있다. 생각이 꼬리에 꼬리를 물고 이어지지 못하거나 각 생각들 간의 연결성이 부족한 경우다. 특히 글을 써 내려가면서 주제와 벗어나거나, 주제에서 곁가지를 친 내용을 적는 경우도 많다. 이 경우엔 나무보다는 숲을 보게 하는 것이 좋다. 주제가 무엇인지 다시 상기시키고 앞서 단어 간 위계를 정했듯 문장 간 위계를 정하는 것이 효율적이다. 주제로부터 가장 가까운 핵심 문장에서부터 핵심 문장을 돕는 문장, 부수적인 문장을 분류한 뒤 핵심 문장을 뼈대로 삼아 그 위에 중요한 순서대로 살을 붙이는 작업을 하는 것이 좋다.

자기 생각을 문장으로 표현할 줄 알고, 문장 간의 연결성도 갖췄지만 자기 생각이 빠진 경우도 있다. 이 경우엔 왜 자기 생각을 기술하지 않았는지 먼저 물어보자. 수업을 진행했던 아이들 중 이런 유형이 많았는데, 대부분 깊게 생각하기를 귀찮아하거나 오답에 대한 두려움 때문에 자기 생각을 쓰지 않은 경우가 많았다. 그럴 때 느낀 점과 자기 생각엔 오답이 없음을 알려주는 것이 좋다. 그리고 다음 글쓰기 진행 시에 미리 오답은 없으며 자기 생각은 모두 정답이 될 수 있음을 주지시켜주면 된다. 단, 왜 그렇게 생각하는지는 반드시 한두 줄이라도 적게 하자.

TOLution
생각의 경직을 풀어주는 법

유형	솔루션
한두 줄 쓰고 머뭇거리는 유형	- 엉켜있는 생각을 풀어주기 - 글쓰기보다 대화 먼저 - 머릿속에 떠다니는 생각을 자유롭게 꺼내 보이기 - 주제와 연관이 있는 단어 문장 우선순위 정하기
단어만 나열하는 유형	- 떠올린 핵심 단어들의 우선순위 정하기 - 단어들로부터 파생되는 또 다른 단어 적기 - 단어들 간 위계 정하고 연결해서 문장 만들기
글의 완결성이 떨어지는 유형	- 나무보다 숲을 보게 하기(주제 다시 상기) - 문장 간 위계 정하고 분류하기 - 핵심 문장 정하고 뼈대 붙이기
자기 생각이 빠진 유형	- 자기 생각엔 오답이 없음을 알려주기 - 왜 그렇게 생각하는지 반드시 한 줄이라도 적기

1차적인 원인 진단과 긴급 처방이 끝났다면 한 걸음 더 나가보자. 바로 생각의 방 정리하기다. 그동안 쌓아온 소재들을 이용해 본격적으로 생각의 방 정리에 나서보자. 생각의 방 정리는 생각의 방 채우기의 진정한 완성이자 생각의 방 탈출 준비를 위한 징검다리다.

생각의 방 정리하기(O) 순서도

―――― 예
―――― 아니오

생각의 방 채우기에서 이어받기 / 생각의 방 정리하기 시작

생각이 꼬리를 물고
잘 이어지나?

유형 파악하기

생각의 방 정리하기

생각의 방 구분	생각의 방 세분화	구조잡기	벤 다이어 그램	코넬식 노트필기	KWL 차트

생각이 일목요연하게
정리되었나?

마인드 맵

워크플로위

생각의 완결성이
갖춰졌나?

생각의 방 탈출하기로 넘어가기

생각의 방 정리는 이렇게

생각의 방 정리는 말 그대로 한 데 섞여 있는 생각들을 일목요연하게 정리하는 작업이다. 집 구조와 기능을 생각해보면 쉽다. 집 내부 구조를 살펴보면 잠을 자고 개인적인 공간으로 사용하는 침실, 음식을 만들고 먹는 부엌, TV 시청을 하면서 온 가족이 모여 쉴 수 있는 거실 등으로 이뤄져 있다. 이에 따라 침대는 침실에, 식탁은 부엌에, 소파는 거실에 배치한다. 방의 서랍장에도 외투와 상·하의, 속옷 등 비슷한 성격과 기능을 하는 옷들을 같이 묶어 수납한다.

즉, 생각의 방 정리는 쏟아 놓은 소재들 중 비슷한 성격의 단어, 혹은 문장끼리 묶어놓는 작업이다. 생각이 정리되지 않은 채 글을 쓰거나 다양한 활동을 하려 한다면 여러 소재가 뒤죽박죽 한 데 뒤섞이기 쉽다. 이런 경우 결과물인 글을 봐도 무엇을 말하려고 했는지 파악하기 어려운 경우가 많다. 그런데 이런 경우 학부모나 일부 학원에서는 글쓰기 요령, 이른바 스킬에 대해 지적하는 경우가 많았다. 엉켜있는 생각은 그대로 놔두면서 글 쓰는 스킬을 가르치려고 하니 아이들은 제자리걸음을 할 수밖에 없고 이내 흥미를 잃고 마는 것이다.

그래서 생각의 방 정리가 필요하다. 생각의 방 정리는 어렵거나 복잡하지 않다. 메모지와 펜만 있어도 되고, 스마트폰이나 태블릿으로 만들어도 된다. 이미 채워 넣은 생각의 방에 들어가 비슷한 성격의 단어나 문장끼리 묶는 것이다. 먼저 채우기가 끝난 생각의 방을 열어본다. 그리고 한 쪽에 생각의 방 안에 들어 있는 소재들을 적어둔다. 단어도 좋고 문장도 좋다. 이후 큰 네모를 그린 뒤 네모 안에 선을 그어 칸칸이 나눈다. 그리고 각 네모 안에 비슷한 성격의 단어끼리 넣는다.

예를 들어 여행의 방을 정리한다면 여행지에 관한 내용, 여행 음식에 관한 내용, 여행에 얽힌 추억에 관한 내용 등으로 구분할 수 있다. 그렇게 방을 정리하다 보면 여행지에 대한 공간엔 강릉, 제주도, 유럽, 미국 등의 단어가 들어갈 것이고, 여행 음식에 대한 공간엔 불고기, 햄버거, 스시 등 여행지에서 먹은 음식들로 채워질 것이다. 또한 여행 에피소드 공간엔 바닷가에서 모래성을 쌓고 수영한 이야기, 스키장에서 스키를 배우다 넘어진 이야기 등이 들어갈 것이다.

이렇게 분류하다 보면 주제에 맞는 활동을 하기가 훨씬 쉬워진다. 물론, 아이들에게 주제를 제시할 때 막연히 여행이라고 제시하기보다는 여행지에서 있었던 인상 깊은 일, 여행지에서 먹었던 가장 맛있었던 음식 등 구체적으로 제시해주는 것이 바람직하다. 그렇게 구체적인 제시어가 주어진다면 추후 생각의 방을 탈출할 때 어떤 소재들을 빼내 올 것인지도 수월해진다. 구체적인 질문과 주제 제시로 짐을 덜어주는 것은 바로 학부모들의 몫이다.

아울러 활동에 불필요하거나 주제에 벗어난 소재들이라고 해서 쓸모없는 것은 아니다. 이런 소재들은 생각의 방에 남겨두지 말고 창고로 옮겨 보관하자. 창고는 별도의 노트를 준비해서 필기해둔 후 보관하면 된다. 그렇게 되면 아이가 생각해낸 것을 흘려버리지 않고 훗날 다른 소재로 활동을 할 때 유용하다. 활동이 거듭되어 소재가 고갈될 때도 창고를 활용하면 좋다.

- '여행'이라는 소재로 채웠던 생각의 방 열어보기

즐거움, 바다, 방학, 엄마·아빠, 스키장, 비행기 타고 싶다, 할머니 환갑,

햄버거, 2층 버스, 덥다, 수영복, 길고양이 돌보기……

- 열어본 소재들 구분해놓기

생각의 방 정리 예시

여행지	여행지에서 먹은 음식	여행지에서 일어난 일
강릉, 부산, 제주도, LA, 유럽 일주 *여행지가 많다면 국내/해외 별도로 만들어도 좋다	생선회, 해물 뚝배기(제주도) 초밥, 라멘(일본) 햄버거, 스테이크(미국)	여권을 두고 와 비행기를 놓칠 뻔한 일, 스키장에서 넘어져 다친 일, 숙소에서 길고양이를 돌본 일
여행을 함께 한 사람	여행지에서 했던 활동	여행을 떠났던 시기
아빠·엄마, 할머니 영수(같은 반 친구)	수영, 모래찜질(해운대) 아빠와 온천욕(일본) 2층 버스 투어(LA)	여름방학, 겨울방학, 추석 연휴, 초등학교 졸업 기념 여행, 할머니 환갑기념 여행

3) 정리 세분화하기

생각의 방 정리하기에 대한 개념을 이해했다면 이를 확장하고 응용해보자. 생각의 방 속 흩어져 있던 소재들을 체계를 잡아 정리하고, 정리된 수납공간들 중 하나를 선택하자. 그리고 그 수납공간에서 선택된 소재들을 다시 정리하는 것이다. 생각의 방 정리를 거듭한다고 생각하면 쉽다. 집안 전체를 정리해서 각 방에 알맞은 물건들을 배치한 뒤, 어느 한 방에 들어가 침대, 옷장, 책상 등을 배치하면서 그 방을 정리하고, 다시 옷장 상단과 하단 서랍을 정리하는 방식이다.

생각의 방 정리 세분화로 두 가지 효과를 기대할 수 있다. 첫째, 활동의 범위를 좁혀 선택과 집중을 할 수 있다. 활동을 이것저것 조금씩 하다 마는 것을 지양할 수 있다. 둘째, 정리가 세분됨에 따라 구체적인 소재들은 더욱 늘어날 수 있다. 추후 생각의 방 탈출 시 풍성한 내용을 활용할 수 있는 것이다.

앞서 예를 든 '여행'을 소재로 생각의 방을 정리할 경우 여행지, 여행지에서 먹은 음식, 여행지에서 일어난 일, 여행을 함께한 사람, 여행지에서 했던 활동 등의 수납장이 생길 수 있다. 이 중 여행지에서 했던 활동, 그중에서도 해운대에 가서 한 일로 범위를 좁힌다면 활동 주제가 간결하게 정돈되는 동시에 활동 내용은 구체적이면서 풍부해질 수 있다.

'여행'이라는 생각의 방에선 수영, 모래찜질 정도만 생각했지만 '여행지에서 했던 활동'으로 범위를 좁히자 튜브, 오리발, 수영복, 검게 그은 피부, 유람선, 뱃멀미 등 더 새롭고 구체적인 단어들이 등장할 수 있는 것이다. 또한, '여행지에서 했던 활동'으로 만든 생각의 방 정리 후 다시 '유람선 투어'로 범위를 좁혀 생각의 방을 다시 한번 정리하면 훨씬 더 구체적인 이야기들이 나올 수 있다.

- 여행지에서 했던 활동
  수영, 모래찜질, 화상, 유람선 갈매기, 가족 노래자랑, 댄스, 엇박자,
  창피했다, 뱃멀미……
- 열어본 소재들 구분해놓기

생각의 방 정리 세분화 예시

수영	모래찜질
수영복, 오리발, 튜브, 물안경, 물장구, 수구	모래찜질, 검게 그은 피부, 화상, 연고, 따갑다
유람선 투어	**가족 노래자랑**
유람선, 경치, 갈매기, 새우깡, 뱃멀미, 흔들흔들	아이돌 댄스, 엇박자, 창피했다, 3등, 건어물(상품)

10

생각을 정리하는
또 다른 방법들

생각의 방을 정리하고 세분화하는 작업은 생각 정리의 첫 관문이다. 생각의 방 채우기를 통해 채워 넣은 소재 중에서 끄집어낸 여러 소재들을 뭉치고 구분해 여러 개의 덩어리를 만들어 놓은 것이다. 그 덩어리 중에는 주제와 직결된 중심 생각들도 있고 부수적인 생각들도 있다. 또한 중심 생각을 뭉친 덩어리는 크고, 부수적인 생각의 덩어리는 작을 것이다. 하지만 여러 개의 덩어리를 만들었다고 생각의 방 정리가 끝나는 것은 아니다. 뭉쳐놓은 덩어리의 체계를 잡는 것, 다시 말해 생각의 뼈대를 세우는 작업이 2차 생각 정리이자 생각 정리의 핵심이다. 2차 생각 정리를 쉽게 도와줄 구조 잡기, 벤 다이어그램, 코넬식 노트 필기, KWL 차트 등을 활용해보자.

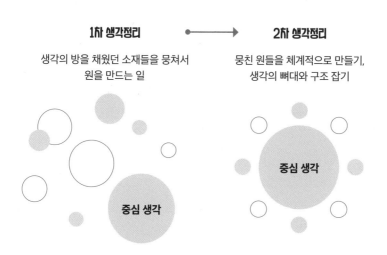

1차 생각정리	2차 생각정리
생각의 방을 채웠던 소재들을 뭉쳐서 원을 만드는 일	뭉친 원들을 체계적으로 만들기, 생각의 뼈대와 구조 잡기
중심 생각	중심 생각

1) 구조 잡기

규칙적인 나열을 통해 생각들의 구조를 잡는 것. 주된 생각과 주된 생각으로부터 파생된 생각을 파악할 때 용이하다.

구조잡기 사례

중심생각 (주제어나 핵심 단어를 적는다)	
파생된 단어나 생각	파생된 단어나 생각
파생된 단어나 생각	파생된 단어나 생각

구조잡기 예시

고양이 기르기	
스킨쉽 (쓰다듬기, 눈맞춤) 교감하기 (털갈이, 목욕, 발톱정리 등)	운동시키기(캣타워 설치하기, 낚시놀이)
먹거리주기(주식: 사료, 생선구이 조금 / 간식: 참치 캔, 츄르)	병원가기(예방접종, 미용, 중성화 수술)

2) 벤 다이어그램

생각들 중 공통점과 차이점을 파악하기에 용이하다. 예를 들어 '콩쥐 팥쥐 vs 신데렐라'라는 생각 주제를 제시했을 경우 교집합 부분엔 여자, 계모 학대, 해피엔딩 등의 단어가 들어갈 것이다. 또한 교집합 이외 독자적인 영역엔 다른 이야기에 속엔 없는 독자적인 단어나 상황 묘사가 들어갈 것이다.

벤 다이어그램 예시

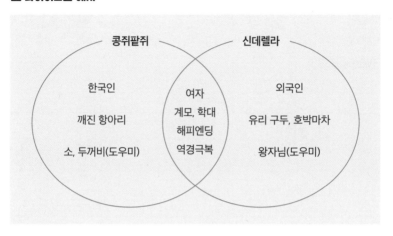

3) 코넬식 노트 필기

코넬식 노트 필기는 코넬 대학교 교육학 교수 월터 포크(Walter Pauk)가 고안한 필기법으로 1950년대에 코넬 대학교 학생들의 학습효과를 높이기 위해 개발되었다.

코넬식 노트 필기는 제목, 필기, 핵심, 요약 등 총 네 영역으로 나뉜다. 제목 영역에는 학습 주제와 날짜를 적는다. 필기 영역에는 활동하면서 중요하다고 판단되는 정보, 아이디어, 생각 등을 가능한 한 많이 적는다. 핵심 영역에는 필기 영역에 적은 내용을 요약하는 핵심 단어를 적는다. 그리고 요약 영역에는 필기 영역에 적은 내용을 한두 문장으로 요약해 적는다.

이런 식으로 영역을 나눠 필기하게 되면 필기 과정에서 자연스럽게 생각을 정리할 수 있고, 추후 활동했던 내용을 복습하거나 생각의 방을 탈출할 때 주제와 핵심 내용을 일목요연하게 파악할 수 있다.

코넬식 노트 필기

	제목
핵심	필기
	요약

코넬식 노트 필기 예시

	영화「마이 펫의 이중생활」감상 후 정리
반려동물 유기견 동물학대 복수	-애완견 맥스의 집에 유기견 듀크가 와서 살게 됨 -듀크를 챙기는 주인 때문에 맥스는 질투가 남 -맥스는 듀크를 따라 나서다 길을 잃음 -사람에게 버림받고, 사람에게 복수하려는 유기동물 단체와 만남 -유기동물 단체 구성원에게 쫓기는 신세 -맥스의 친구들이 도와줘서 맥스와 듀크는 위기 탈출 -주인 곁으로 돌아가 행복한 시간을 다시 찾게 됨
	-동물을 버리지 말자 -동물도 사람과 같은 감정을 느낀다 -동물을 버리면 나중에 벌을 받을 수 있다 -동물에게도 인권처럼 동물권이 있다

KWL 차트

KWL 차트는 Know - Want to know - Learned 3단계로 이뤄진 학습 과정의 알파벳 앞글자를 따서 만든 차트로, 새로운 것을 접하고 머릿속에 받아들일 때 기존 배경지식을 활성화하고 스스로 학습 목표를 정할 수 있도록 도와주는 도구다. K에는 기존에 알고 있는 배경지식을 기록하고, W에는 활동을 통해 더 알고 싶은 것을 기록하고, L에는 유튜브 등을 통해 접하고 새롭게 알게 된 것을 기록한다.

KWL 차트

KWL 차트(주제:)		
K(Know)	W(Want to know)	L(Learned)

KWL 차트 예시

주제: 영화 「고산자 대동여지도」		
K(Know)	W(Want to know)	L(Learned)
-김정호 -지도 만드는 사람 -위인전 인물 -차승원	-김정호는 어떻게 전국을 다녔을까? -전국을 걸어 다니면 힘들지 않았을까? -눈에 보이는 것들을 어떤 식으로 지도에 담아냈을까? -독도에 가봤을까? 독도도 그렸을까?	-흥선대원군과 김정호의 관계를 알게 되었다 -김정호의 노고를 알게 되었다 -지도를 한 장 한 장 그리는 게 아니라 목판을 만들고 찍어내는 것을 알게 되었다

11

체계를 잡아
생각의 방 정리를 마무리하자

생각의 방 정리가 끝났다면 정리된 소재들의 체계를 잡아보자. 이 과정은 방 탈출을 위한 다양한 활동의 준비 과정이자 밑바탕이다. 생각의 방 채우기를 할 때 어떤 제약도 두지 않았지만, 적어도 생각의 방 정리 단계에서는 체계를 잡아야 한다. 그러므로 생각의 방을 채울 때는 단어나 문구로 표기해도 무방했지만 생각의 방을 정리하고 이를 표현할 때는 문장으로 표기하는 것이 바람직하다. 이때 핵심은 완결성이다.

여기에서 언급하는 완결성은 생각을 정리하는 문장의 수준이 높고 낮음을 의미하는 것은 아니다. 처음엔 수준이 다소 불만족스러워도 상관없다. 짧아도 상관없다. 중요한 건 내용의 시작부터 전개, 자신의 주장, 주장을 뒷받침할만한 근거, 결말까지 모두 포함되어 있어야 한다는 것이다.

다시 말해 길지만 단순히 나열한 글보다 짧아도 그 속에 자기 생각을 녹여내고 완결한 글이 더 좋은 글이다. 생각의 체계가 잘 잡혀있다면 그 자체로도 짧지만 탄탄한 글이 될 수 있고, 추후 긴 글을 쓰거나 응용 활동을 할 때 뼈대 글로 활용할 수 있다. 향후 다양한 방 탈출 활동을 할 텐데, 이 활동들은 모두 완결성을 요구한다. 원활한 방 탈출을 위해 생각을 정리하고, 정리된 생각을 바탕으로 체계를 잡는 방법에 대해 알아보자.

1) 마인드 맵 : 생각의 지도이자 방 탈출 내비게이션

생각의 체계를 잡는 데 가장 좋은 것은 바로 마인드 맵이다. 마인드 맵은 말 그대로 마음속에 지도를 그리듯 일단 쏟아낸 생각들을 분류별로 정리하고 이를 체계적으로 조직화시켜서 활용하는 활동 전반을 일컫는다. 특히 마인드 맵은 이미지를 이용하기 때문에 글자만 적어 내려갈 때보다 생각을 정리하기에 훨씬 수월하다. 마인드 맵을 그리는 방법은 다음과 같다.

- 주제를 정하고 가장 핵심이 되는 단어를 정한다. 이후 나무 기둥을 그리고 핵심어를 적어넣는다
- 기둥에서부터 뻗어 나가는 굵은 주 가지를 몇 개 그린다. 주 가지에 핵심어와 연관성이 깊은 단어들을 적는다
- 주 가지에서 뻗어 나가는 얇은 부 가지를 몇 개 그린다. 부 가지엔 주 가지에서부터 파생된 단어들을 적는다
- 핵심어에 가까울수록 두꺼운 가지를 멀어질수록 가는 가지를 그리는 것이 좋다

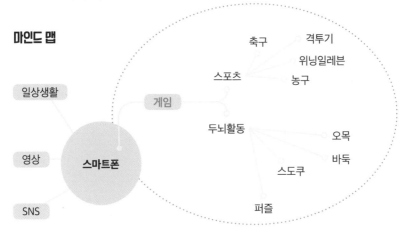

마인드 맵

2) 워크플로위 : 방 탈출의 열쇠

워크플로위(workflowy)는 상위 개념과 하위 개념의 위계질서를 잡는 도구로써 사용이 쉽고 주제의 전반적인 체계와 흐름을 잡는 데 용이하다. 또한 생각을 정리한 후 이를 토대로 글의 흐름도를 설계하기에 좋다. 책의 목차를 떠올리면 이해하기 쉽다. 실제로 워크플로위는 책의 목차 모양으로 글을 작성할 수 있다는 것이 가장 큰 장점이다. 일반적인 메모의 경우 생각나는 것을 바로바로 필기해둔다고 해도 이내 체계가 흐트러지고 뒤죽박죽되기 마련이다. 하지만 워크플로위는 전반적인 흐름을 한눈에 파악할 수 있으므로 메모와 동시에 정리가 가능하다.

워크플로위를 통해 정리된 소재들의 위계를 잡은 뒤 이를 토대로 살을 붙이면 완결성 있는 이야기를 만들 수 있다. 워크플로위는 웹과 앱 버전 모두 사용하기 쉬우므로 스마트폰으로 유튜브 시청과 동시에 혹은 시청 직후 사용할 수 있다. 마우스 드래그만으로도 상·하위 위계를 넘나들 수 있으며 항목을 세분화하거나 합칠 수 있다. 워드 프로그램처럼 단축키 사용도 가능하다.

 워크플로위 사이트

각 단계별 생각 정리 도구

1단계: 헝클어진 생각들 기준을 잡아 덩어리로 뭉치기.
　　　생각의 방 열고 공간 나누기

2단계: 생각의 덩어리들 꿰어놓기.
　　　구조 잡기, 벤 다이어그램, 코넬식 필기, KWL 차트

3단계: 꿰어놓은 생각의 덩어리로 순서와 뼈대 세우기.
　　　마인드 맵, 워크플로워

CHAPTER 4

TOL 글쓰기 세 번째 :
생각의 방 탈출하기(Leave)

생각의 방을 채우고 정리했다고 저절로 사고력이 길러지고 창의성이

생기는 것은 아니다. 잘 추려지고 정돈된 소재들을 통해 글을 쓰고 다양한

활동을 해야 비로소 생각의 방 채우기와 정리하기가 빛을 발할 수 있는

것이다. 생각의 방을 정리하는 것이 이론 수업에 가까웠다면, 생각의 방

탈출하기는 실습수업이다. 찾고 정리해놓은 소재들로 본격적인 실습에

나서보자.

12

생각의 방 탈출이란

정리가 끝난 방에 계속 머무를 필요는 없다. 방을 빠져나와 방 전체를 살피고 효율적인 공간으로 사용하는 일, 바로 방 탈출이다. 생각의 방을 줄곧 이사에 비유했는데, 생각의 방 채우기는 새로 이사한 집에 이삿짐을 넣는 것이고, 생각의 방 정리는 한 데 뒤섞여 있는 이삿짐을 안방, 아이 방, 거실, 부엌 등 각각의 공간에 알맞게 배치하는 행위였다.

그리고 생각의 방 탈출은 정리된 이삿짐을 잘 활용하는 것이다. 이삿짐을 적재적소에 배치했다면 거실에 편안히 앉아 TV를 시청할 수 있고, 서재 책상에 앉아 책을 읽을 수도 있으며 안방의 침대에서 숙면을 할 수 있을 것이다. TV 시청, 독서, 숙면 모두 방 탈출 활동에 해당한다.

다만, 생각의 방 탈출을 위한 활동은 앞선 활동과 큰 차이가 있다. 생각의 방 채우기 과정에서는 제약 없이 자유롭게 생각을 쏟아냈고, 생각의 방 정리과정에서는 이를 순서대로 나열했다. 제약 없이 활동 먼저 한 뒤 이를 다듬고 모양새를 잡아갔다. 하지만 생각의 방 탈출 과정에서는 순서와 체계를 세운 뒤 탈출하는 것이 좋다. 선 계획, 후 활동인 것이다.

생각의 방 정리가 완결성에 초점을 맞췄다면 생각의 방 탈출은 완성도에 초점을 맞춘다. 상상력을 자극하는 다양한 활동을 통해 창의성을 기르고, 디지털 콘텐츠 미디어 콘텐츠를 이용한 리터러시 활동과 토론, 뉴미디어와 접목한 독서 논술을 통해 종합적인 사고력을 배양해보자.

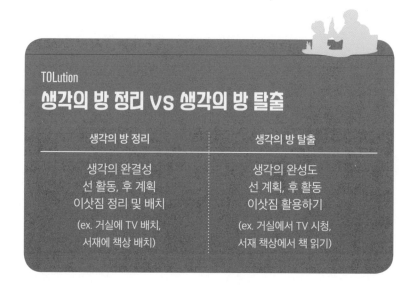

TOLution
생각의 방 정리 vs 생각의 방 탈출

생각의 방 정리	생각의 방 탈출
생각의 완결성 선 활동, 후 계획 이삿짐 정리 및 배치	생각의 완성도 선 계획, 후 활동 이삿짐 활용하기
(ex. 거실에 TV 배치, 서재에 책상 배치)	(ex. 거실에서 TV 시청, 서재 책상에서 책 읽기)

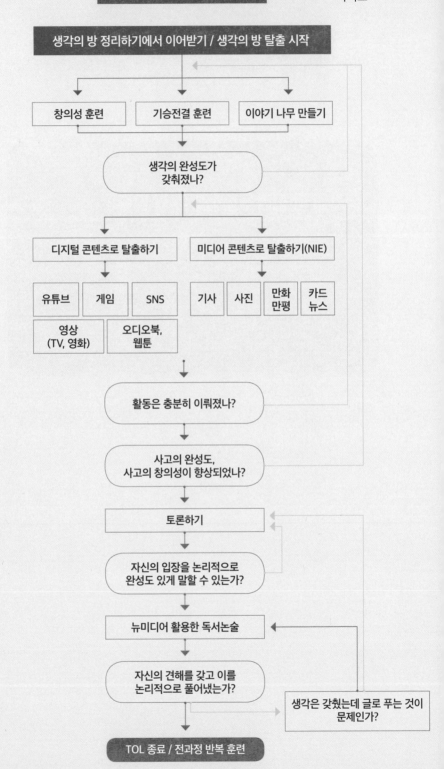

생각의 방 탈출하기(L) 순서도

━━━ 예
━━━ 아니오

생각의 방 정리하기에서 이어받기 / 생각의 방 탈출 시작

창의성 훈련　　기승전결 훈련　　이야기 나무 만들기

생각의 완성도가
갖춰졌나?

디지털 콘텐츠로 탈출하기　　미디어 콘텐츠로 탈출하기(NIE)

유튜브　게임　SNS　　기사　사진　만화
만평　카드
뉴스

영상
(TV, 영화)　오디오북,
웹툰

활동은 충분히 이뤄졌나?

사고의 완성도,
사고의 창의성이 향상되었나?

토론하기

자신의 입장을 논리적으로
완성도 있게 말할 수 있는가?

뉴미디어 활용한 독서논술

자신의 견해를 갖고 이를
논리적으로 풀어냈는가?

생각은 갖췄는데 글로 푸는 것이
문제인가?

TOL 종료 / 전과정 반복 훈련

13
기승전결 훈련과
이야기 나무 만들기

생각의 방 탈출에서 가장 중요한 건 완성도다. 글을 쓰든, 기획안을 만들든 찾아놓은 소재들을 이용해 시작부터 끝맺음까지 지은 후 자신만의 독창적인 생각과 관점, 의견도 곁들여야 한다. 완결지은 것으로만 끝나면 남의 생각을 체계적으로 요약해놓은 것에 그치기 때문이다. 남과 다른 자신만의 창의적인 생각, 체계적인 생각 정리 후 세운 자신만의 견해가 있어야 생각을 완성할 수 있다.

앞서 생각의 방을 정리하고 마인드 맵과 워크플로위 등으로 뼈대를 세웠다면, 완결된 이야기를 만들기는 쉽다. 그렇다고 해도 생각의 방 정리가 완성도까지 보장해주는 것은 아니다. 글의 완결성은 물론 완성도를 다 잡기 위해 기승전결 훈련과 이야기 나무 만들기를 해보자.

1) 기승전결 훈련

자신만의 관점을 가진 독창적인 글을 쓰려면 기승전결의 짜임새를 가진 글을 작성하는 것이 좋다. 기승전결(起承轉結)은 문장구성에 있어서 4단계에 걸쳐 글을 통해 내 주장을 세우고 주장을 받아서 전개해 나가고 이를 증명하며 마무리를 짓는 것이다. 서론-본론-결론의 3단계로 나눠도 좋지만, 좀 더 세분화되고 그에 따라 생각의 연결고리를 더욱 단단히 할 수 있는 기승전결이 좋다. 기승전결 각 항목에서 다루는 내용들은 아래와 같다.

- 기(서론): 주제(주장하고자 하는 것)가 무엇인지, 왜 이 글을 쓰는지 밝히기. 삐딱하게 생각해도 좋다. 남과 달라도 좋다. 단 내 주장은 확실하게 전달하자.
- 승/전(본론): 기(서론)에서 주장한 것을 구체적으로 풀어 쓰고(승) 발전시키는 것(전)
  승에서는 자신이 왜 그렇게 생각하는지를 밝히고, 기에서 나온 내용을 이어받는다. 승에서는 예시를 들어주는 것이 좋다. 전에서는 승에서 나온 내용을 받아 구체적으로 풀어간다. 전에서는 내 주장에 대해 왜 그래야 하는지를 밝히고 논거를 댄다. 내 주장에 반대되는 의견을 적고, 그에 대해 반박하는 것도 좋다.
- 결: 앞서 나온 내용들을 정리하고 글을 마무리하는 것. 결에서는 앞서 주장한 핵심 내용을 다시 언급하면서 강조한다.

기승전결 훈련 시 글의 길이는 중요하지 않다. 처음엔 짜임새 있는 글을 쓰는 것도 벅찰 수 있는데 분량의 압박까지 더해진다면 흥미를 붙이기 힘들다. 완성도 높은 짧은 글을 쓰는 습관을 들인 후 분량을 차츰 늘려가는 방향이 좋다.

기승전결 훈련 역시 흥미 있는 소재로 시작하는 것이 좋다. 도표를 이용해 체계적으로 기승전결을 나누고 글로 작성시켜보자. 이후 기승전결 구조가 어느 정도 익숙해지면 응용을 하는 것도 좋다.

- 생각의 방, 마인드 맵을 작성한 후 이를 기승전결로 나눠보기
- 제시된 글을 읽고 기승전결 구분하기
- 기승전 남겨두고 결론 바꿔보기, 전개부터 다 바꿔보기

기승전결 훈련 도표

제목	
기	
승	
전	
결	

탄탄한 기승전결(완성도 높은 글)을 위해서는 자기 생각과 주장이 반드시 들어가야 한다. 예를 들어 '환경보호'가 주제일 경우 미세먼지, 지구 온난화, 일회용품 사용 등 이것저것 언급만 하고 끝나는 것은 나열에 불과하다. 소재가 광범위해 이를 연결하기도 힘들뿐더러 재미와 공감도 끌어내지 못한다. '환경보호'를 주제로 한 완성도 높은 글의 예시는 다음과 같다.

「겨울왕국 2」 시청→인간의 이기심으로 댐 건설→그로 인한 환경파괴→자연의 밸런스가 무너지며 대재앙→댐을 파괴하고 자연을 복구시키니 회복→환경보호 중요성을 언급하며 끝맺음

미세먼지, 지구 온난화, 일회용품 사용 등을 따로따로 쓸 경우 단순 나열만 되고 완성도는커녕 완결성도 갖추지 못한 글이 된다. 무엇을 주장하고자 하는지 잘 드러나지도 않는다. 하지만 동떨어져 보이는 영화지만 '환경'을 중심으로 연결 지으면 완결성 있는 글이 되고, 무엇을 강조하는지 예시를 들어 알기 쉽게 주장한 완성도 높은 글이 된다.

기승전결 훈련 예시

문제: 우리는 왜 환경을 보호해야 하는가? 영화 「겨울왕국 2」를 본 뒤 생각해보고 글을 작성해 보자.

기	우리는 환경을 보호해야 한다. 인간의 이기심으로 환경을 훼손하며 생태계가 무너지고 각종 재해가 온다.	
승	「겨울왕국 2」에서 엘사, 안나의 아버지는 댐을 건설했다. 그러자 주변 환경이 파괴되면서, 엘사와 안나의 마을에도 피해가 왔다. 동네는 저주에 걸렸다.	
전	엘사와 안나는 모험 같은 여정을 떠났다. 죽을 고비도 넘긴 두 사람은 저주를 풀고, 댐을 파괴했다. 그러자 거짓말처럼 자연은 회복되고 마을에 평화가 찾아왔다.	
결	그러므로, 인간은 이기심 때문에 환경을 파괴해서는 안된다. 인간은 자연을 보호하고 자연과 조화를 이루며 살아가야 한다.	

2) 이야기 나무 만들기

뿌리를 단단히 내리고 튼튼한 기둥을 가지고 있고 여러 갈래로 가지를 뻗치고 있다고 해도 잎사귀와 열매가 없으면 그 나무는 볼품이 없다. 이때 나뭇가지에 열매와 잎이 피어나면 아름다운 나무 한 그루가 완성된다. 생각의 방 탈출도 마찬가지다. 정리해놓은 소재들을 연결해서 글을 쓸 때 글을 더욱 풍성하게 해주고 완성도 있게 하려면 살을 붙여야 한다. 나무에 꽃과 이파리와 열매를 피어나게 하는 작업, 이것이 바로 이야기 나무 만들기다. 이야기 나무 만들기로 글을 더 풍성하게 해보자.

이야기 나무 예시

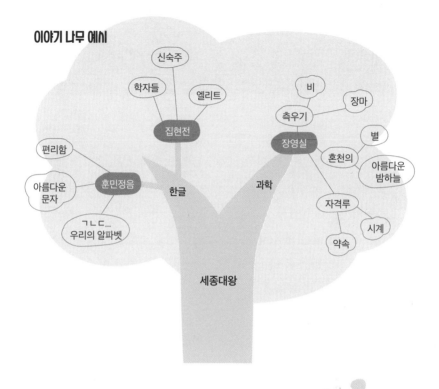

14
창의성 키우기

지식을 외우는 일이 더 이상 의미가 없어진 시대. 기계나 AI가 대체할 수 없는 영역, 다시 말해 창의성을 발휘하는 사람이 성공한다. 창의성은 새로운 생각이나 의견을 생각해내는 특성으로 흔히 생각하는 것처럼 무에서 유를 창조하는 것이 아니다. 창의성은 기존에 있던 것을 다르게 보고 새롭게 구성하고 자신의 관점을 더해 독특하고 개성 있게 만드는 능력, 즉 유에서 또 다른 유를 만드는 능력이다.

특히, 창의적인 생각을 자유자재로 하기 위해선 상상과 공상도 적극적으로 하도록 격려해야 한다. 쓸데없는 생각을 했다고 야단칠 것이 아니라 기발한 생각을 했다고 칭찬하자. 그렇게 창의성의 감을 유지해 주는 것이 좋다.

1) 생각의 방 탈출 핵심은 창의성이다

무엇보다 생각의 방 탈출을 위해서는 창의성이 동반되어야 한다. 완성도 높은 글을 쓰기 위해선 기승전결 구조를 갖춰 연결하는 것도 중요하지만, 그것만으로는 사고력이 크게 자라지는 않는다. 완결성과 완성도의 바탕 위에 창의성이 더해져야 비로소 완전한 자신만의 독창적이고 탄탄한 생각이 확립된다. 책 서두에서 4차 산업 시대의 핵심 자질인 연결과 융합, 응용을 언급했는데 이 핵심 자질은 창의성으로부터 나온다고 해도 과언은 아니다.

그런데 창의성은 하루아침에 늘지 않는다. 이에 평소 꾸준히 창의성을 기르는 것이 좋다. 우리 주위에서 쉽게 눈에 띄는 소재를 이용해 충분히 창의성을 키울 수 있으며, 생각의 방에 들어 있는 소재를 이용해도 창의성을 키울 수 있다. 창의적인 사고를 통한 창의적 표현법을 익혀보고 이를 방 탈출 활동에 적용해보자.

A. 두려움을 없애자

창의성 키우기에서 선결되어야 하는 것은 두려움을 없애는 것이다. 아이들은 어른들이 전혀 생각지 못한 것을 생각해내기도 하고, 어른들의 시선에서는 도저히 이해하지 못할 생각을 한다. 럭비공이 튀듯 생각의 확장성과 흐름이 변화무쌍하며 무궁무진하다.

이때 면박을 주거나 부모 의도대로 고치려고 하면 아이들은 위축될수밖에 없다. 심리적인 위축은 곧 창의성의 위축으로 이어진다. 아이들은 부모의 칭찬을 듣기 위해, 혹은 부모의 구박을 피하려고 자기 생각 대신 부모가 원하는 생각을 말할 확률이 높다.

두려움을 없애기 위해선 다양한 경험이 가장 좋다. 반복되는 일상을 벗어나 이질적인 문화권으로 여행을 하거나 혹은 먹어보지 않은 음식에 도전해본다거나, 다뤄보지 않은 악기를 연주하거나, 자주 접하지 않던 장르의 영화나 드라마를 보는 것도 좋다. 두려움을 없애는 글쓰기를 연습해보자.

 두려움을 없애는 글쓰기

창의성을 가로막는 장벽인 두려움을 거둬내는 글쓰기를 해보자. 이 글쓰기는 언제든 일상에서 일어날 수 있는 상황이나 인물을 배경으로 하는 것이 좋다. 되도록 오랜 시간 동안 끌기보다는 10분 안에 글을 쓰는 것이 좋다. 잘 쓰려 하지 않아도 된다. 자기 생각을 그대로 쓰면 된다.

가) 백종원 되기(누군가 되어보기)

요식업의 대가 백종원 대표는 「골목식당」에서 단순히 요리하는 방법만 설명하지 않는다. 왜 이 음식점이 장사가 안되는지 원인 분석에서부터 개선할 점, 위생 관리, 메뉴 관리 등 음식점 운영에 필요한 다양한 분야의 이야기를 전한다. 내가 백종원 대표가 되어 한 음식점을 방문한다고 상상해보자. 이 음식점은 어떤 문제점을 가지고 있고, 그에 따라 어떤 조언을 할 것인지 아래 보기에서 골라서 글로 작성해보자.

(1.중국집 2.분식집 3.피자집 4.햄버거집 5.고깃집 6.아이스크림집 7.빵집)

나) 비행기 옆 좌석 남자는 누구? (나에게 벌어질 상황은?)

부모님과 해외여행을 가는데 항공사의 실수로 홀로 떨어져 가게 되었다. 두 자리가 붙어있는 좌석인데 나는 비행기에 탑승해 먼저 자리를 잡고 앉았다. 그렇다면 내 옆엔 누가 와서 앉을까? 아래에서 한 명을 고르고, 그와 비행기 안에서 어떤 이야기들을 나눌지, 어떤 일들이 벌어질지 글로 작성해보자.

(1.손흥민 선수 2.담임 선생님 3.BTS 진 4.지명 수배자 5.군인 6.의사 7.영화감독)

B. 고정관념을 버리자

독창적인 생각을 해내는 것만이 창의성의 전부는 아니다. 기존에 가졌던 생각을 바꿔보거나 아무런 의심 없이 사실이라고 믿었던 것들을 달리 생각해보는 것도 창의성을 기르는 데 도움이 된다.

우리가 정답이라고 굳게 믿었던 것이 정답이 아닐 수도 있고, 정답이
한 개라고 생각했던 것이 여러 개일 수도 있는 것이다. 고정관념을 버리
고 다르게 발상해보자. 다르게 생각하려면 한 가지 주제나 질문을 놓고
여러 각도로 생각해보거나 당연하다고 여기는 것들도 여러 가지 상황을
가정하며 다시 생각해 보는 것도 좋다. 연습을 해보자.

 다르게 생각해보기 연습
가) 성냥개비 5개로 원을 만드는 방법은? (한 가지 주제나 질문을 놓
고 여러 각도로 생각해보기)

성냥개비로 원 만들기 예시

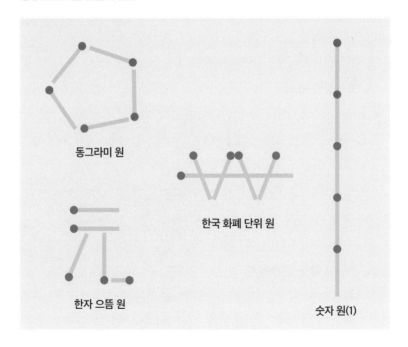

동그라미 원

한국 화폐 단위 원

한자 으뜸 원

숫자 원(1)

나) 아이의 물건, 혹은 아이 주변 환경과 관련지어 여러 상황을 가정

해보고 글을 써보자. (if(만일 ~라면)이라고 가정하고 다르게 생

각해보기)

1. 우리 아파트 놀이터에서 놀 수 있는 방법을 최대한 찾아서 글

로 작성해보자

2. 줄넘기로 할 수 있는 것들은 무엇이 있을까? 놀이 종류와 방법

을 글로 작성해보자

2) 창의성의 영역과 창의적 활동

창의성에도 다양한 영역이 존재한다. 창의성에 대한 두려움을 떨쳐내

고, 고정관념을 버리고 다양한 관점에서 생각하는 훈련이 익숙해졌다면

창의성을 좀 더 세분화해서 길러보자. 창의성의 영역과 그에 따른 활동

방법은 다음과 같다.

A. 창의성의 영역

- 유창성: 주어진 조건에서 최대한 많은 생각을 해내는 것

- 융통성: 고정관념을 벗어나 새로운 시각으로 문제를 바라보는 것

- 독창성: 참신하고 독특한 발상을 하는 것

- 정교성: 생각해낸 것을 구체적으로 다듬고 발전시키는 것

- 유추성: 두 가지 이상의 것에서 공통점을 찾아 연결하는 것

B. 창의적 활동 연습하기

- 유창성 연습: 칼 없이 과일을 자를 방법을 가능한 한 많이 떠올려보기

- 융통성 연습: 살이 5kg 나 쪘다. 어떤 이유들이 있을까?

- 독창성 연습: 먹을수록 날씬해지는 다이어트 식품은 어떻게 만들까?(다른 사람과 달리 생각하기)
- 정교성 연습: '비속어 쓰지 않기'를 주제로 실천사항 만들기(아이디어 구체화하기)
- 유추성 연습: 휴대폰과 토마토의 공통점은?(관련 없는 사물 사이에서 연관성 찾기)

3) 일상생활 속에서 창의성 키우기

우리 일상생활 속에서도 얼마든지 창의성을 키울 수 있는 방법들이 있다. 무심코 흘려보내거나 외면하는 광고, 단어 하나, 노래 한 곡, 시 한 편도 창의성을 키울 수 있는 좋은 교재가 될 수 있다.

A. 광고 카피로 창의성 키우기

창의적인 사람들이 모여있다는 광고 업계. 그런 만큼 광고 카피는 창의적 글쓰기 훈련을 위한 더할 나위 없이 좋은 교재다. 광고 자체가 하나의 작품으로 인정받고 있는 만큼 이를 적극적으로 활용해보자. 광고 카피를 활용하는 방법으로는 마음에 드는 광고, 혹은 막 발견한 광고 속 카피를 자유롭게 바꿔보거나, 광고를 본 뒤 카피만 남겨두고 카피 내용에 맞게 어떤 식으로 광고를 만들 것인지 글로 써보기 등이 있다. 반대로 카피만 보고 광고를 만들 수도 있다. 다양하게 활용해보자.

 광고 카피 활용하기 예시

가) 광고 카피 속 단어를 바꿔서 새로운 문장을 만들어보자.

"깨끗하고 건강한 가족의 일상이 무엇보다 소중해진 요즘 스팀 살

균만큼 안심되는 건 없죠"(LG전자 트루스팀 TVCF(2020년) 中)

→( )하고 ( )한 ( )이 무엇보다 소중해진 요즘
( )만큼 안심되는 건 없죠.

나) "쓱 했어요"(SSG.COM 광고)를 보고 광고를 새롭게 만들어보
거나, 해당 카피를 이용해 다른 제품의 광고 카피를 만들어보자

 SSG.COM 광고

B. 단어를 활용한 창의성 키우기

짧은 단어 하나만으로도 아이의 상상력을 자극하면서 창의성을 키울
수 있다. 이 경우 많은 생각을 떠올리게 하는 확장성 좋은 단어 선택이 중
요한데, 감정이나 감각에 대한 단어나 의성어, 의태어가 확장성이 좋다.
그리워, 무서워, 행복해 등 다양한 감정에 대한 단어를 제시하고 느껴지
는 점들을 자유롭게 적어보게 한다. '좋아', '싫어', '그냥' 같은 막연한 표
현을 했을 경우 반드시 '왜'라고 이유를 묻고, 좀 더 구체적으로 표현하
게 지도한다. 특히 지시만 하기보다는 해당 단어에 대한 감정을 공유하
는 것이 좋다. 예를 들어 '무서워'라는 단어에 관해 이야기할 때는 부모
도 언제 어떻게 무서운 느낌이 들었는지 설명해주는 것이다.

아울러 감각 단어를 제시했을 땐 직접 그 감각을 느끼게 해주는 것이
좋다. 예를 들어 '부드러워'라는 단어를 제시했을 땐 부드러운 촉감의 물

체를 직접 아이 볼에 대거나 손으로 만지게 하는 것이다.

🔹 '말랑말랑'이라는 단어를 듣고 떠오르는 느낌을 모두 말해보고, 이를 정리해서 글로 표현해보자. (말랑말랑한 쿠션을 눌러보게 하면서 느낌을 기억하게 하고, 젤리를 먹어보면서 씹는 느낌을 머릿속에 잘 담아 두게 한다)

C. 문학작품을 활용한 창의성 키우기

문학작품은 그동안 의미 파악이나 필자의 의도 파악 등을 중심으로 수업이 진행되어왔다. 어렵고 딱딱한 학습 방식으로 인해 문학작품을 꺼리는 아이들이 많은데, 학습 방법을 바꿔보면 창의성을 기르기에 좋다. 특히 문학작품은 저자의 상상력과 창의성이 밑바탕이 될 수밖에 없는데 이를 이용하는 것이 바람직하다.

🔹 주어진 시를 읽고 시인의 마음 상상해보고 표현해보자. 또 내가 작가라면 이 소재를 어떻게 풀어나갔을지 구성해보자.

꽃씨(지은이: 김완기)

몰래 겨울을 녹이면서
봄비가 내려와 앉으면
꽃씨는 땅속에 살짝 돌아누우며 눈을 뜹니다.
봄을 기다리는 아이들은
쏘옥 손가락을 집어넣어 봅니다.
꽃씨는 저쪽에서 고개를 빠끔
얄밉게 숨겨 두었던 파란 손을 내밉니다.

D. 노래를 활용한 창의성 키우기

노래는 청각을 자극하는 대신 시각적인 측면이 약한 콘텐츠다. 이를 역으로 이용해 노래를 들은 뒤 느낀 점 등을 시각화시켜보거나 노래 가사를 보고 다양한 창의적 활동을 해볼 수 있다.

 좋아하는 노래를 듣고 아래의 창의적 활동을 해보자.

가) 멜로디를 들은 뒤 떠오르는 장면 그림으로 그려보거나 말로 설명해보기
나) 노래 가사를 본 뒤 노래를 만든 사람의 마음 상상해보기
다) 노래를 만든 사람이 무엇을 이야기하고자 했는지 말해보기
라) 노래의 주된 스토리 정리하고 글로 표현해보기
마) 노래를 만든 사람을 위해 편지를 쓰듯 답장 쓰기
*마땅한 노래를 못 찾았다면 「친구야 너는 아니」(이해인 작사, 김태원 작곡, 부활 노래)를 활용해보자.

 부활-친구야 너는 아니

E. 오감을 이용해 창의성 키우기

많이 쓰는 시각 청각 이외에 후각이나 촉각을 이용해 창의성을 키워보기를 권한다. 예를 들어 나뭇잎, 인형 등 다양한 물건을 뺨에 대보고 느낌을 말하거나 눈을 가리고 다양한 냄새를 맡아보거나, 음식을 먹을 때 맛뿐만 아니라 씹을 때의 촉감, 먹고 난 뒤의 느낌 등을 글로 묘사하는

것이다. 흔히 사용하는 찰흙이나 레고 등을 이용해 만들고 싶은 것을 만들거나 주제를 정해서 만들면서 손의 감촉을 글로 써보거나 다 만든 후 작품에 대한 감상을 글로 써보는 것도 좋다.

 오감을 이용한 창의성 키우기 예시

쌀밥과 치킨의 냄새를 각각 맡은 뒤의 느낌, 그리고 먹을 때 입안의 느낌을 글로 표현해보자.

15
디지털 콘텐츠를 이용한
생각의 방 탈출하기

생각의 방을 채우고 정리했다면 본격적으로 생각의 방 탈출에 나서보자. 생각의 방 채우기와 정리과정에서 영상이 중심이 되었다면, 탈출 과정에서는 텍스트가 중심이 되어야 한다. 글쓰기를 중심으로 활동을 이어가면서 논리적인 사고를 길러야 한다. 그리고 이 단계를 거친 후 다른 사람이 만들어 놓은 영상을 활용하는 것을 넘어 직접 기획하면서 창의적인 사고도 길러야 한다. 생각의 방 탈출의 종착지는 논리적 창의적 사고를 바탕으로 한 완결성과 완성도를 지닌 종합적 사고를 기르는 것이다.

이에 유튜브를 비롯한 영화 TV 등의 영상, 게임과 VR AR, 소리를 듣는 오디오북과 웹툰을 단순히 보고 듣는 것이 아니라, 글을 읽듯 내용과 흐름을 읽어내야 한다.

디지털 콘텐츠를 읽기 위해 아이들과의 대화와 질문은 필수다. 다만 질문이 내용 파악에 그치는 정도라면 큰 학습효과를 기대할 수 없다. 굳이 부모가 시키지 않더라도 내용은 자연스럽게 파악되기 때문이다. 따라서 디지털 콘텐츠를 이용한 후엔 특별히 생각하지 않고 술술 대답할 수 있는 질문보다는 곰곰이 생각하고 고민해 볼 여지를 주는 질문들이 좋다. 예를 들어 어떤 내용이었는지 정리해서 기승전결 순서로 말해줄래? 주인공은 왜 그랬을까? ~에 대해 좀 더 이야기해줄래? 너라면 어떻게 하겠니?와 같은 질문들이다.

유튜브를 이용한 생각의 방 탈출하기

A. 이렇게 탈출하자: 정리하고 비판하고 창작하기

생각의 방에 들어가 보자. 그곳엔 아이들이 유튜브를 시청하고 난 뒤 떠오른 생각들을 단어나 문장 형태로 나열한 뒤(T, 생각의 방 채우기), 이를 특정 주제나 의미별로 정리해(O, 생각의 방 정리하기) 묶어놓았을 것이다.

이 묶음을 적극적으로 이용하는 것이 좋다. 이 묶음이 곧 글감이자 활동 소재(L, 생각의 방 탈출하기)이기 때문이다. 하지만 묶음은 생각을 뭉쳐놓은 크고 작은 덩어리들일 뿐이다. 구슬이 서 말이라도 꿰어야 보배. 이 생각의 덩어리들을 꿰어내는 작업이자 생각의 방 탈출의 핵심이 바로 글쓰기다.

생각의 방을 탈출하는 글쓰기는 '정비창' 세 가지 요소를 중심으로 진행하는 것이 좋다. 정비창은 정리 비판 창작의 줄임말로, 완결성과 완성도를 갖춰 생각을 총정리하는 글쓰기, 유튜브 콘텐츠에 대한 지지 혹은 비판적인 시각의 글쓰기, 유튜브를 소재로 한 창의적인 글쓰기 순으로 이어나가는 것이다.

TOLution
유튜브를 이용한 글쓰기 활동 순서

정리→비판→창작

그동안 생각해 온 것들을 총정리하는 글을 쓸 때는 생각의 방 정리를 통해 묶어놓은 소재들 중 하나를 택하고, 묶음 속 단어들을 연결해서 글을 써보는 것이 좋다. 이 과정에서는 특히 내용 요약정리뿐만 아니라 그 바탕 위에 자기 생각을 곁들이고, 왜 그렇게 생각하는지 이유와 근거를 함께 작성해야 한다.

기승전결 완결성을 지닌 구조 위에 자기 생각과 의견을 잘 담아 완성도까지 갖췄다면 좀 더 심화된 단계로 넘어가 보자. 기승전결 구조를 토대로 이야기를 재구성해보는 것이다. 예를 들어 기승전은 그대로 두고 결론을 바꿔보거나 '네가 저 유튜버라면 저 주제를 어떻게 풀어낼 거야?'라는 질문을 던지면서 같은 소재를 두고 다르게 전개해 나가는 글쓰기를 지도한다.

그렇게 정리하고 생각의 구조가 탄탄하게 잡힌 글쓰기가 가능해지면 다음 단계인 비판적인 글쓰기로 넘어간다. 비판적 글쓰기에서는 유튜브 콘텐츠 내용, 혹은 유튜버에 대한 찬성 반대 입장을 정해서 한쪽을 주장하는 글쓰기가 좋다. 내용에 대해 만족한다면 어떤 점이 마음에 들었는지 지지하는 근거를 들어 글을 쓰고, 만족하지 않는다면 어떤 점이 마음에 들지 않았는지 비판의 근거를 들어 글을 쓴다.

중요한 것은 반드시 '왜'가 글쓰기 내용에 들어가야 한다는 것이다. 왜 지지하는지, 왜 비판하는지 이유가 담겨야 한다. 가장 경계해야 할 단어는 '그냥'이다. 생각의 방을 채우고 정리하는 활동까지는 재미있게 따라하던 아이들도 정작 탈출단계인 글쓰기에서는 사고가 경직될 수 있다. 생각을 잘 이어왔지만 글쓰기 과정에서 이를 떠올리지 못하고 '그냥'이라고 대답하는 것이다. 이럴 땐 생각의 방으로 돌아가 그동안의 의식의 흐름을 되짚어주고 그다음 단계의 생각이 무엇인지 대화를 먼저 나눈 후 글쓰기에 들어가는 것이 좋다.

아울러 유튜브 채널이나 유튜버를 분석하고 평가하는 글을 작성시키는 것도 좋다. 예를 들어 '동물 학대 논란을 빚은 유튜버가 계속 동물을 기르는 것이 좋은가', '먹방 조작 논란에 휩싸인 콘텐츠를 만든 유튜브 채널을 계속 유지해도 좋은가'에 대해 자신의 입장을 택하고, 입장을 택한 근거를 밝히며 주장하는 글을 쓰는 것이다.

한편, 정비창 글쓰기의 최종 단계는 창작이다. 창작의 개념을 거창하게 생각하거나 어렵게 접근할 필요는 없다. 정리하는 글쓰기, 비판적인 글쓰기를 통해 종합적인 생각을 할 수 있게 되었다면, 여기에 아이 개개인의 창의성을 더하는 것이다. 무에서 유를 창조하는 것이 아니라 기존 활동을 바탕 삼아 창의적인 생각을 더해 응용하는 것이다.

 '정비창' 글쓰기 예시: 유튜브 게임 리뷰 채널을 보고 난 뒤

정리하는 글쓰기	- '이 영상의 주제는 무엇이고, 어떻게 이야기를 전개해 나갔을까?' 기승전결 내용을 적어보고, 이를 이어서 완성된 글을 작성해보자 - '유튜버가 이 게임에 대해 ~한 평가를 하면서 결론 맺었는데', 결론을 바꿔보자
비판적인 글쓰기	- '유튜버의 분석이 마음에 드니?' 마음에 드는 점과 마음에 들지 않는 점들을 각각 적어보자 - 마음에 드는 점과 들지 않는 점을 종합해서 이번 영상 전체를 평가해보자. 어느 한쪽 입장을 택하고, 왜 그렇게 생각하는지 이유를 들어서 글을 작성하자
창작 글쓰기	- '네가 저 게임을 리뷰한다면 어떤 식으로 해볼 거니?' - '네가 게임 채널을 운영한다면 어떤 게임을 다루고 싶니?' 하나를 선택해보고 어떤 식으로 전개해 나갈지, 어떤 영상을 업로드 할 것인지 기획안을 만들어보자

B. 기획으로 완성하자

나만의 유튜브 채널과 콘텐츠를 기획해보자. 유튜브 채널 기획은 '내가 유튜버가 된다면'이라는 가정에서 출발한다. 이 가정 하나만으로도 어떤 채널을 운영할 것인가, 어떤 콘텐츠를 다룰 것인가, 주 구독자층은 어떻게 정할 것인가, 구독자 참여는 어떤 식으로 유도할 것인가, 댓글 관리는 어떻게 할 것인가, 업로드 주기는 어떻게 할 것인가 등의 생각할 거리들이 생긴다. 이 생각들을 정리하고, 종합하고, 나만의 독창적인 생각을 더하는 작업이 바로 기획 표 만들기다. 아래의 채널 기획 표와 첫 회에 업로드 할 콘텐츠 구성안을 참고하여 작성해보자.

유튜브 채널 기획 표

항목	채워 넣을 내용
채널 결정에 앞서	내가 가장 좋아하는 장르는 무엇인가? 내가 잘할 수 있는 장르는 무엇인가? 내가 하고 싶은 장르는 무엇인가? 잘할 수 있는 것과 하고 싶은 것이 다를 때 무엇을 우선으로 할 것인가?
채널명	채널 이름과 이름을 짓게 된 이유
콘텐츠	채널에서 다룰 내용 소개
전략	비슷한 장르의 타 채널은 어떤 것들이 있나? 이 채널과 대비되는 내 채널만의 장점은? 이들과의 차별화를 위해 어떤 전략을 쓸 것인가?
주 구독자	주 구독자층 나이, 성별, 특징 등 쓰기 구독자는 어떤 식으로 잡고, 어떻게 늘릴 것인가
댓글 및 채널 관리	댓글 관리는 어떤 식으로 할 것인가? 구독자들과의 소통은 어떻게 할 것인가?
업로드 주기와 시간	업로드 주기(주 0회, 업로드 요일 등) 업로드되는 영상 길이

첫 회 업로드 할 콘텐츠 구성안

항목	채워 넣을 내용
첫 회 타이틀	첫 회 전체를 아우를 제목
채널명	전체 제목을 부연 설명해줄 부제와 소제목
분량 및 시간	첫 회 전체 분량 소요 시간 각 파트별 영상 소요 시간
줄거리	1회에서 다룰 주요 내용 요약해서 작성
영상 구성	1회에서 사용할 영상 순서대로 정리해서 작성 미리 촬영해둔 영상, 스튜디오나 내 방 책상에서 앉아서 진행하는 영상, 참고자료 영상 등
오디오 및 자막	영상에 사용할 음악, 효과음 순서대로 정리해서 작성 (어느 영상에 어떤 오디오를 사용할 것인가) 영상에 사용할 자막, 어떤 폰트(글자체)로 어느 영상에 삽입할 것인지, 어떤 내용인지 정리해서 작성

C. 생각의 방 탈출 예시

유튜브를 이용한 생각의 방 채우기에서 「지니스쿨 역사」 채널의 '조선 패션- 귀고리 하는 남자들', '식신로드- 많이 먹는데도 살이 빠진다고' 두 편을 예로 들어 방을 채운 바 있다.(71p 참고)

두 개요를 종합한 생각의 방

생각의 방 이름 : 조선 시대의 식문화

활용 콘텐츠 : 유튜브 '지니스쿨 역사' 中 두 편

특징 : 교과서에서 배우지 않는 조선 시대상에 관한 이야기

> **조선 패션- 귀고리를 하는 남자들**
> 귀고리, 액세서리, 멋, 패션, 힙, 패셔니스타, 조선 시대 멋쟁이, 보수적이지 않다

> **식신로드- 많이 먹는데도 살이 빠진다고?**
> 고기, 밥, 푸드파이터, 식신, 다이어트, 단백질 섭취가 부족했다, 음식 남겨서 혼나는 건 저 당시에도 있었을 것 같다

그리고 채워놓은 방을 각 소재별로 구별하고 정리한 후의 모습은 아래와 같은 것이다.

패션문화	음식문화
귀고리, 남자들도 애용, 보수적이지 않다, 멋쟁이의 기준	식신, 푸드파이터, 고기와 단백질 섭취 부족, 냉장 및 보관시설 부족, 비만 없음, 다이어트
조선 시대 남성상	**요즘과의 비교**
남녀를 구분할 정도로 엄격했지만 멋 부리는 것은 자유로웠다, 군역(16~60세)의 의무, 밥을 많이 먹는 사람들, 농사와 군사훈련 도보 이동 등 몸 쓰는 일을 많이 했다	귀고리 하는 남자들을 좋지않게 보는 시선은 요즘이 더 많다, 요즘엔 적게 먹는 대신 고기(단백질)를 많이 먹는다, 예전보다 조금 먹음, 예전보다 비만이 늘어 다이어트 열풍

이어서 생각의 방을 탈출해보자. 조선 시대의 멋, 그중에서도 남자들의 귀고리 착용과 조선 시대의 밥 먹는 문화로 시작했는데 이 두 소재 사이엔 '조선 시대의 남성'이 있었다. 이 공통점을 이용해 생각의 방을 탈출해도 좋고, 당시와 요즘의 차이점이 두드러진 만큼 두 시대를 비교하면서 생각의 방을 탈출해도 좋다. 가이드라인은 다음과 같다.

X세대 등장과 더불어 개방적인 사회로 전환된 90년대, 하지만 남자 연예인은 귀고리를 착용한 채 방송에 출연하면 제재를 당했고, 방송사에서도 남성의 귀고리 착용 금지를 명시했었다. 오히려 조선 시대보다 남자 귀고리 착용에 대해 더 보수적이었다. 아이들이 이런 사실을 잘 모르는 만큼 90년대 관련 기사를 보여주며 직접 비교해보게 하는 것이 좋다.

이어 남자들이 귀고리 하는 것에 대한 지지 혹은 비판적인 시각이 담긴 글을 쓰도록 지도하고, 아울러 '조선 시대 패셔니스타는 누구?', '요즘 스타 중 조선 시대로 돌아가면 가장 멋있었을 것은 사람은 누구?' 같은 질문을 통해 상상력과 창의력을 자극하는 글을 작성시켜보자.

한편, 음식문화와 관련해서 조선 시대와 현재를 비교해보고, 유튜브에서 인기를 끌고 있는 먹방 콘텐츠나 푸드파이터들에 대한 비판적인 글을 작성해볼 만하다.

아래의 생각의 방 탈출 글쓰기 예시 표를 보고 작성해보도록 하자.

생각의 방 탈출 글쓰기

정리하는 글쓰기	- 두 콘텐츠 내용에 대해 기승전결을 구분해보고, 이를 연결해 요약해보자 - 조선 시대와 현재의 멋의 기준을 비교해보고 공통점과 차이점을 글로 작성해보자 - 조선 시대와 현재 음식을 먹는 습관을 비교해보고 공통점과 차이점을 글로 작성해보자
비판적인 글쓰기	- 조선 시대엔 통용되었지만 세월이 흘러 1990년대엔 남자의 귀고리 착용을 부정적으로 바라봤다. 이에 관한 생각을 글로 작성해보자 - 1990년대 방송국의 정책을 비판해보고, 대안을 제시해보자 - 요즘 유튜브엔 푸드파이터나 먹방 콘텐츠가 유행하고 있다. 인기를 끌기 위해 음식을 가지고 장난하는 행위인지, 또 하나의 콘텐츠로 봐야 하는지 어느 한쪽을 택해 자기 생각을 담아 글로 작성해보자
창작 글쓰기	- 조선 시대 인물 중 최고의 패셔니스타는? - 현재의 인기스타 중 조선 시대에 제일 멋쟁이였을 것 같은 스타는? - 조선 시대에 유튜브가 있었다면 어떤 먹방 콘텐츠가 인기를 끌었을까?

2) 영상 콘텐츠를 이용한 생각의 방 탈출하기

A. 이렇게 탈출하자: 등장인물과 교감하기

영화와 TV 프로그램을 활용한 생각의 방 탈출도 유튜브와 크게 다르지 않다. 영상을 기반으로 하고 있고, 한편 안에 기승전결이 짜임새 있게 구성되어 있기 때문이다. 전문 인력이 제작하는 만큼 개인 유튜버가 만드는 콘텐츠보다 기승전결의 짜임새와 완성도는 더 나은 경우도 많다.

영화와 TV 프로그램을 이용한 생각의 방 탈출 활동에서도 가장 핵심이 되는 것은 글쓰기다. 앞서 유튜브에서 '정비창(정리 비판 창작)' 글쓰기를 했던 것처럼, 영화와 TV 프로그램을 이용해서도 정비창 글쓰기를 하는 것이 좋다.

특히 영화와 TV 프로그램은 주인공과 조력자, 악역 등 다양한 캐릭터들이 등장하는 것이 유튜브와의 가장 큰 차이점이자 특징이다. 이에 방 탈출 활동에서는 영화나 TV 프로그램 속 등장인물과 교감하는 것이 좋다. 영화 속 주인공의 행동을 내 입장에서 생각해본다던가, 영화 속 인물에게 편지쓰기 같은 것들이다.

아울러 영화의 경우 아이들이 시청할 수 있는 12세 이상 관람가, 전체관람가 등급의 영화면 대부분 교훈적인 내용을 담고 있으니 시청 후엔 문제의식을 담겨있는 질문을 던지고 이에 대해 글을 쓰게 하는 것이 좋다.

앞서 예를 든 것과 같이 「겨울왕국 2」에서는 환경을 파괴하고 댐을 건설한 것 때문에 주인공들이 어려움을 겪었는데 원상복구 되자 어려움들이 사라졌다는 내용을 담고 있다. 환경 문제와 연결할 수 있는 것이다.

'자연보호를 해야 하는 이유에 대해 글을 써보자'라고 하면 아이들이 지루해하지만, 「겨울왕국 2」에서 '환경을 파괴하면서 댐을 건설한 것은 옳은 일일까?'라는 식으로 영화 내용과 연결해서 글쓰기 주제를 제시하면 지루해하지 않는다.

한편, TV 프로그램 중 아이가 흥미를 느낄 수 있는 장르는 예능이다. 「슈퍼맨이 돌아왔다」처럼 아이들이 출연하고 온 가족이 보기에 무리가 없는 예능, 혹은 다양한 미션들이 쉴 틈 없이 펼쳐지는 「런닝맨」 같은 예능을 시청하게 하자. 특히 TV 예능의 경우 등장인물들이 다양한 상황에 부닥치고 문제를 해결해나가는데, 이 상황이 아이의 상황인 것처럼 가정해 다양한 글쓰기 주제를 제시할 수 있다.

예를 들어 「슈퍼맨이 돌아왔다」를 보고 내가 방송 속 친구들이라면 주어진 상황을 어떻게 해결할 것인지 생각해보고 문제 해결책을 제시하는 글쓰기를 할 수 있으며, 「런닝맨」을 보고는 내가 등장인물들이라면 미션을 어떻게 해결할 것인가에 대한 글쓰기를 할 수 있다. 영화와 TV 프로그램을 이용한 '정비창' 글쓰기를 해보자.

 영화와 TV 프로그램을 이용한 '정비창' 글쓰기
가) 「슈퍼맨이 돌아왔다」를 보고 아래의 주제로 글을 써보자.
- 어린 시절의 자신과 「슈퍼맨이 돌아왔다」 등장인물 간 닮은 점과 다른 점 찾아서 글쓰기
- 「슈퍼맨이 돌아왔다」의 특정 상황 속으로 들어가 나라면 어떻게 할지 글쓰기
- 「슈퍼맨이 돌아왔다」 부모의 상황 되어 보고 글쓰기
  ex. 내가 윌리엄의 아빠(샘 해밍턴)라면 저 상황에서 어떻게 할까

나) 「런닝맨」을 보고 아래의 주제로 글을 써보자.

- 나라면 어떤 식으로 「런닝맨」 속의 저 미션(혹은 게임)의 전략을 세울지 글쓰기
- 「런닝맨」 속 게임을 친구들과 함께 해보고 느낀 점 글로 써보기

다) 영화 「겨울왕국 2」 시청 후의 정비창 글쓰기

정리하는 글쓰기	- 영화 내용 전반을 기승전결로 나눈 뒤 영화에 대한 자기 생각을 덧붙여 글 작성하기 - 영화의 기승전은 그대로 두고 결말만 바꿔보기 - 내가 주인공이라면 특정 상황에서 어떻게 할지 써보기
비판적인 글쓰기	- 주인공 행동에 대한 찬반 입장을 정하고 지지 또는 비판하는 글쓰기 (ex. 엘사와 안나가 사람들을 구하기 위해 위험을 무릅 쓴 행동은 올바른 것이었을까?, 엘사와 안나가 댐을 파괴한 것은 올바를까?) - 닮은꼴 영화, 혹은 시리즈 전편을 찾아보고 비교하는 글쓰기(ex. 「겨울왕국 1」에서의 엘사 안나와 「겨울왕국 2」에서 엘사와 안나는 어떤 차이가 있을까?, 자매가 힘을 합쳐 활약하는 이야기를 생각해보고 「겨울왕국 2」와 비교해서 공통점과 차이점을 이야기해보자) - 영화 속 문제와 닮은 사회 문제 찾아보고 연관 지어 글쓰기(ex. 영화 속 댐 파괴와 자연보호, 인간의 편의를 위해 숲을 훼손하는 것에 대한 너의 생각은?)
창작 글쓰기	- 생각의 방 속 정리된 소재 중 하나를 택해 별도로 스토리를 만들기 - 후속작인 '겨울왕국 3'을 만든다면 어떤 내용을 담고 싶은지 내용 써보기 - 웹툰이나 재미있게 읽은 책 영화화하기(장르, 배우 캐스팅, 줄거리 구성 등) - 극 중 등장인물에게 편지 써보기

B. 기획으로 완성하자

a. TV 프로그램 기획하기

앞서 유튜버가 되어 유튜브 채널을 개설하고 첫 회 콘텐츠를 기획해

보았다. 마찬가지로 TV 프로그램을 기획해보자. PD가 되어 보는 것이다. PD는 프로그램 기획에서부터 출연진 구성, 매회 촬영과 연출 등을 총지휘하는 프로그램의 지휘자다. 방송사 PD의 관점으로 아래의 프로그램 기획서를 채워보고 이를 토대로 새로운 프로그램 기획안을 글로 작성해보자.

프로그램 기획 표

항목	채워 넣을 내용
장르	드라마- 가족드라마, 어린이 드라마, 멜로드라마, 액션물 (첩보물, 수사물 등) 예능- 관찰 예능, 야외 버라이어티, 먹방 예능, 토크쇼, 음악 (순위 프로그램, 오디션) 등 기타- 뉴스, 다큐멘터리, 교양 프로그램 등
프로그램 이름, 방송 횟수	프로그램 이름과 이름을 지은 이유, 매일 하는 프로그램인지 주 1회 하는 프로그램인지 설명
기획 의도, 연출 방향	왜 이 프로그램을 기획했고, 앞으로 이 프로그램에서 어떤 이야기들을 할 것인지 작성
캐스팅	프로그램에 출연시키고 싶은 사람과 이유, 출연자 역할 안내 (드라마의 경우 배역을, 예능의 경우는 메인 MC와 패널, 초대 손님 등으로 구분)
프로그램 구성	구성- 어떤 코너들이 있는지 성격과 내용 소개 시간- 각 코너별 시간, 전체 프로그램 시간 배분
경쟁상대	라이벌 프로그램은 무엇이며, 라이벌과 무엇이 어떻게 다른지, 우리만의 특징과 장점은 무엇인지 설명

프로그램 첫 회 구성안

항목	채워 넣을 내용
프로그램 타이틀 및 첫 회 타이틀	프로그램 제목, 첫 회 전반적인 내용을 설명해 줄 부제 작성
방송 내용	첫 회에서 다룰 주요 내용과 각 코너별 내용 요약해서 작성

분량 및 시간	첫 방송 전체 분량 소요 시간 각 코너별 소요 시간
출연진	메인 MC와 게스트, 드라마라면 주요 등장인물 정리해서 작성
영상 구성	첫 회에서 사용할 영상 순서대로 정리해서 작성 스튜디오물이면, 어떤 스튜디오 세트에서 어떤 화면을 보여줄 것인지 작성 야외물이면 어떤 장소에서 무엇을 촬영했는지, 무엇을 보여줄 것인지 작성
오디오 및 자막	첫 회에 사용할 음악, 효과음 순서대로 정리해서 작성(어느 영상에 어떤 오디오를 사용할 것인가) 첫 회에 사용할 자막, 어떤 폰트(글자체)로 어느 영상에 삽입할 것인지, 어떤 내용인지 정리해서 작성

b. 뮤직비디오 기획하기

음악은 듣는 것이었다. 하지만 뮤직비디오가 등장한 이후 음악은 들으면서 동시에 보는 것으로 탈바꿈했다. 청각의 시각화에 앞장서며 오감을 자극하는 뮤직비디오. 뮤직비디오를 통해 우리는 막연하게만 떠오르던 노래에 대한 느낌을 이미지로 볼 수 있게 됐다. 특히 뉴미디어의 발달로 요즘 아이들은 음악을 보는 것에 더 익숙하다. 이에 음악을 듣고 이를 글이나 이미지로 만드는 작업은 상상력과 창의성을 동시에 키우기에 좋다.

이에 뮤직비디오 기획에 도전해보자. 먼저, 좋아하는 뮤직비디오를 시청한 뒤 주제를 유추하는 글, 이미지에 대한 느낌을 표현하는 글쓰기를 해보자. 그렇게 음악과 이미지 중심으로 전개되는 뮤직비디오의 화법에 익숙해지면 아이가 좋아하는 음악으로 뮤직비디오 기획안을 만들어볼 수 있다. 새롭게 만들어도 좋고, 기존 뮤직비디오를 리메이크해도 좋다. 단, 기존 뮤직비디오 리메이크 시에는 뮤직비디오를 보여주지 말고 노래만 듣게 한 뒤 뮤직비디오 기획을 하는 것이 좋다.

뮤직비디오 기획 표 작성하기

항목	채워 넣을 내용
선곡	가수와 노래 고르기, 고른 이유 간단히 설명
노래 청취	노래만 듣고 떠오르는 느낌들 단어나 짧은 문장으로 기록
줄거리	위 칸에 기록한 단어나 문장들을 중심으로 스토리 짜서 내용 만들기
캐스팅	출연시키고 싶은 사람과 역할
장소 및 시기	장소- 어떤 장소에서 촬영하고 싶은지(실외: 산, 바다, 계곡, 들판, 외국 명소 / 실내: 박물관, 전원주택, 학교, 폐건물 등) 시기- 4계절 중 언제, 하루 중 언제(새벽, 오전, 낮, 해 질 녘, 밤 등)
콘셉트	위의 내용을 바탕으로 해서 어떤 느낌으로, 어떤 식으로 촬영할 것인지를 밝히기
콘티 작성하기	촬영 전 어떤 구도로 어떻게 촬영할 것인지를 미리 그려보기

*콘티: 만화에서 유래한 단어로 만화 그리기에 앞서 전체적인 작화와 연출을 미리 그려 놓는 것

선택한 곡은 이미 뮤직비디오가 존재할 확률이 높다. 내 기획안과 비교해 어떤 점이 닮았고, 어떤 점이 다른지, 또 내 기획안이 기존 뮤직비디오에 비해 어떤 점이 더 나은지 정리해서 글로 작성해보거나 기존 뮤직비디오를 수정한다면 어느 부분을 어떻게 고치고 싶은지, 등장인물을 교체하고 싶다면 누구를 기용하고 싶은지 정리해서 글로 작성해보면서 교육적 효과를 높여보자.

C. 생각의 방 탈출 예시

영상 콘텐츠를 이용한 생각의 방 채우기에서 영화 「패신저스」, 「아일랜드」를 예로 들어 방을 채운 바 있다.(82p 참고) 두 개요를 종합한 생각의 방은 아래와 같다.

두 개요를 종합한 생각의 방

생각의 방 이름 : 미래 사회를 그린 영화들

활용 콘텐츠 : 영화 「패신저스」 「아일랜드」

특징 : 미래 사회에 대한 상상력을 자극하는 동시에 생명윤리에 대한 문제를 제기

> **패신저스**
> 우주선, 냉동인간, 동면, 120년, 인간은 언젠가는 죽는다, 과학기술 사용, 윤리

> **아일랜드**
> 복제인간, 클론, 수술, 의료용 인간, 세뇌, 미래 사회, 인간을 복제하는 것은 올바른가

그리고 채워놓은 방을 각 소재별로 구별하고 정리한 후의 모습은 아래와 같을 것이다.

미래 사회의 모습	영화 속 과학기술의 문제
우주선, 우주 행성 정복, 환경오염으로 인한 재앙, 나와 복제인간이 공존하는 세상	인간 냉동기술, 인간 복제기술, 생명 연장을 위한 수단, 돈으로 생명 연장하기

이어 생각의 방을 탈출해보자. 두 영화 모두 우리가 경험하지 못한 미래 사회를 감독의 독창적인 시선으로 그려냈다. 특히 두 작품 모두 인간이 유한한 삶을 극복하기 위해 과학기술(우주선 및 우주개발), 의료기술

(장기와 신체를 대신해 줄 복제인간)을 개발하면서 불거지는 문제들을 그리고 있다. 앞서 유튜브와 구별되는 영화와 TV 프로그램의 특징 중의 하나가 바로 다양한 캐릭터들이라고 언급했다. 이 점을 이용해 아이가 '영화 속 주인공이 된다면 어떻게 하겠는가'라는 가정을 바탕으로 한 글쓰기, 주제와 관련된 문제의식을 던지는 글쓰기가 좋다.

 영화 「패신저스」, 「아일랜드」를 본 후 생각의 방 탈출하기

가) 아래의 문제의식을 갖고 글을 써보도록 하자.

- 내가 패신저스 주인공들처럼 다른 행성에서 오래도록 살 수 있다면 냉동인간으로 백 년 넘게 지내는 것도 받아들일 것인가?

- 내가 패신저스의 주인공들처럼 다른 행성 도착 전에 깨서 죽음을 맞이해야 한다면 어떻게 할까?

- 아일랜드 같은 세상이 온다면 병을 치료하고 오래 살기 위해 내 복제인간을 만들 것인가?

- 내가 살기 위해 복제인간을 희생시키는 건 정당한 일일까?

- 내가 상상하는 미래 세상은 어떤 모습일까?

- 미래에 어떤 기술이 개발되면 좋을까?

나) 정비창 글쓰기를 해보자

정리하는 글쓰기	- 두 영화 내용에 대해 기승전결을 구분해보고, 이를 연결해 요약해보자
	- 미래 사회를 그린 두 영화의 공통점과 차이점을 비교해서 글로 작성해보자
	- 두 영화의 기승전을 그대로 두고 결론을 바꿔 글을 완성해보자

비판적인 글쓰기	- 내가 「패신저스」 주인공들처럼 다른 행성에서 오래도록 살 수 있다면 냉동인간으로 백 년 넘게 지내는 것도 받아들일 것인가. 그리고 인간을 냉동시키는 건 올바른 것인가. 한쪽 입장을 택해 글을 작성해보자 - 외롭다고 오로라를 깨운 짐의 행동은 올바른가? 지지 혹은 비판의 입장 중 하나를 택해 글을 작성해보자 - 아일랜드 같은 세상이 온다면 병을 치료하고 오래 살기 위해 내 복제인간을 만들 것인지 글을 작성해보자 - 내가 살기 위해 복제인간을 희생시키는 건 정당한 일일까? 자신의 의견을 이유를 들어 글로 작성해보자
창작 글쓰기	- 내가 「패신저스」의 주인공들처럼 다른 행성 도착 전에 깨서 죽음을 맞이해야 한다면 어떻게 할까? - 「패신저스」 주인공 짐처럼 세상에 홀로 남겨진다면 어떻게 지낼 것인지 상상해보고 글로 작성해보자 - 「패신저스」 승객이 새 행성에 도착한 이후, 복제인간 에코와 델타가 아일랜드의 존재를 폭로한 이후의 삶에 대해 후속편 이야기를 만들어보고 글로 작성해보자 - 내가 상상하는 미래 세상은 어떤 모습일까? - 미래에 어떤 기술이 개발되면 좋을까?

3) 게임 및 VR, AR을 이용한 생각의 방 탈출하기

A. 이렇게 탈출하자: 게임 노트 만들고 작성하기

생각의 방 채우기에서 오픈 월드 게임, RPG 중 비폭력적인 게임을 선택하는 것이 좋다고 언급한 바 있다. 자유롭게 시공간의 제약을 받지 않고 게임 세상 속 이곳저곳을 누비면서, 문제에 봉착하는 순간마다 전략을 세워서 지혜롭게 극복하는 것이 게임의 핵심이다.

특히 가상공간에서의 탐험과 모험을 할 경우 지혜로운 캐릭터, 힘이 좋은 캐릭터, 용맹한 캐릭터 등 다양한 캐릭터 중 어느 캐릭터가 효과적인지, 어느 캐릭터가 내 전략과 맞는지를 판단하고 터득하는 것이 중요하다. 게임을 풀어가기 위해 계획을 세우고 실행하고 때로는 계획을 수정하며 끊임없이 무언가를 하고 있는 게임 속 가상의 나로부터 생각의 방 탈출도 시작된다.

가장 좋은 방법은 게임 노트를 만드는 것이다. 게임은 유튜브 영화 TV와 이야기를 전개하는 방식이 다르므로 '정비창' 글쓰기와는 다소 성격이 맞지 않는다. 대신 별도의 노트를 마련해 게임 전, 게임 후 해당 게임에 대한 글을 작성하는 것이 좋다. 목표를 달성하기 위해 전략을 설계하고 구사하는 과정에서 생각을 키울 수 있는 포인트들이 있는 것이다. 그렇게 게임에 대해 느낀 점을 작성하고, 전략을 차근차근 수립하다 보면 게임 노트는 게임 감상문을 넘어 게임 전략서가 될 수 있다. 활용 방법은 다음과 같다.

- 게임 전 배경들을 함께 살펴보고 글로 정리해보기(어떤 장르인지, 어떤 캐릭터들이 있는지, 어떤 점이 마음에 드는지 등)
- 게임 전 어떤 전략을 구사할 것인지 왜 그렇게 할 것인지를 이유를 들어 글쓰기
- 게임을 하면서 느끼는 감정들(즐거움, 스트레스 해소, 성취감 등) 글쓰기
- 게임 후, 구사했던 전략이 성공인지 실패인지 분석하는 글쓰기(성공했으면 어떤 점이 적중했는지, 실패했으면 왜 실패했는지 무엇이 잘되지 않았는지)
- 다음에 게임할 때 전략을 어떻게 수정할 것인지 글쓰기

한편, 가상현실(VR)과 증강현실(AR)을 도입한 체험관이 늘어나고 있는 만큼, 검색을 통해 아이가 호기심을 느끼는 장르의 콘텐츠를 갖춘 체험관을 찾아보자. 특히 VR 체험은 교과과정 등 학습과 연계된 콘텐츠가 좋다. 텍스트를 읽고 공부한다면 진도가 잘 나가지 않거나 어렵게 느껴질 수 있지만, VR을 통해 학습하게 되면 이해를 도울 수 있기 때문이다. 예를 들어 공룡에 대한 호기심이 있는 아이라면, 책보다는 VR이 제공하는 가상현실 속에서 공룡을 360도 입체감 있게 느끼는 게 훨씬 효과적이다.

AR도 마찬가지다. 스마트폰 앱 시장엔 증강현실을 기반으로 한 다양한 애플리케이션이 있다. 다양한 증강현실 앱은 아이들이 주로 있는 공간인 집이나 학교에 이미지는 물론 그래프와 각종 다양한 자료 등을 띄워준다. 우주나 별자리가 궁금한 아이들은 하늘에 스마트폰을 띄우면 입체감 있는 별들이 화면 가득 펼쳐진다. 박물관이나 미술관으로 현장학습을 간 아이는 증강현실 앱을 띄우고 작품에 스마트폰을 대면 입체감 있는 작품을 감상할 수 있다. VR의 거추장스러운 헤드셋을 벗고 말이다.

B. 기획으로 완성하자
게임 개발자가 되어 게임을 개발해보자. 어떤 장르의 게임을 만들지, 어떤 캐릭터를 등장시킬지, 어떤 방식으로 게임을 풀어갈지 아래의 표를 참고해서 설계하고 글로 작성해보자

게임 기획서 작성하기

항목	채워 넣을 내용
게임명	게임 타이틀과 타이틀을 지은 이유
장르	스포츠, 액션, RPG 등 게임 장르
게임 스토리	어떤 내용으로 전개되는지 게임의 발단부터 전개되는 과정 등을 글로 작성
캐릭터	어떤 등장인물이 나오는지, 등장인물 성격과 특성 장점은 무엇인지 소개

C. 생각의 방 탈출 예시

게임을 이용한 생각의 방 채우기에서 「마인크래프트」와 「동물의 숲」을 예로 들어 방을 채운 바 있다.(92p 참고)

두 개요를 종합한 생각의 방

생각의 방 이름 : 시공간을 자유롭게 누비는 오픈 월드 게임

활용 콘텐츠 : 영화 「마인크래프트」「동물의 숲」

특징 : 내가 조종하는 캐릭터가 자유롭게 게임 속 공간을 누비며 집을 짓고 경작도 하면서 생존. 게임이 이끄는 대로 따라가는 것이 아니기 때문에 다양한 게임 스토리가 존재하며, 어제 했던 게임을 이어서 하는 등 게임 스토리를 축적할 수 있다.

> **마인크래프트**
>
> 생존, 건축, 벽돌, 건물 짓기, 기계 등

> **동물의 숲**
>
> 숲, 나무, 열매, 채취, 사냥, 낚시, 물건 팔기, 마을 사람들, 동물들 등

생각의 방을 이용해 게임 노트를 만들면서 생각의 방을 탈출해보자.

날짜: 2020년 8월 5일 **게임 시간:** 한 시간(오후 4시~5시)	
게임: 동물의 숲 **장르:** 오픈 월드, 시뮬레이션 게임	
게임 전	캐릭터: 마을 사람들에게 나를 알리고 인정받는 캐릭터 되기 목표: 과일나무 심기, 낚시, 마을 사람들에게 낚시로 잡은 물고기 선물하기 전략: 시간 분배와 동선을 잘 짜서 알찬 하루를 보내기
게임 후	느낀 점: 내가 원하는 시간에 원하는 행동을 할 수 있어서 좋았다. 이곳저곳 자유롭게 돌아다닐 수 있는 만큼 시간을 잘 활용해야겠다 전략평가: 낚시는 성공적이었다. 그래서 마을 사람들에게 잡은 물고기를 많이 나눠줄 수 있었고 사람들과 더 친해진 것 같았다. 하지만 낚시에 치중하느라 과일나무 심기 목표에 소홀했다. 특히 나무 심을 곳에 잡초가 무성하게 자랐는데 미리 살펴보지 못했다. 보완할 점: 농사지을 때 땅 미리 확인하기, 잡초를 뽑고 땅을 잘 다지고, 나무를 심은 후 줘야 할 비료와 물 미리 준비하기

게임 노트가 하루하루 쌓이게 되면, 글쓰기 소재를 찾을 수도 있다. 예를 들어 「동물의 숲」 게임 노트 한 달 치 분량 중 게임 후 전략평가만을 묶어 이를 시간 순서대로 정리한 뒤 '동물의 숲 나만의 공략법', '동물의 숲속 내 마을 변천사'를 글로 작성할 수 있다.

4) 오디오북, 웹툰을 이용한 생각의 방 탈출하기

A. 이렇게 탈출하자: 제한된 조건에서 생각 키우기

소설가 다니엘 페낙(Daniel Pennac)이 『소설처럼』에서 말한 '독자의 권리'라는 것이 있다. 독자의 권리는 책을 읽지 않을 권리, 건너뛰며 읽을 권리, 끝까지 읽지 않을 권리, 다시 읽을 권리, 아무 책이나 읽을 권리, 보바리즘(상상의 세계로의 도피)을 누릴 권리, 아무 데서나 읽을 권리,

군데군데 골라 읽을 권리, 소리 내서 읽을 권리, 읽고 나서 아무 말도 하지 않을 권리 등 독자의 10가지 권리를 말하는데 책을 읽지 않을 권리라는 점에 주목이 많이 되는 글이다.

독서 권리장전 이야기를 하는 이유는 오디오북을 이용한 생각의 방 탈출 시 독서 권리장전 속 독서 태도가 적절하기 때문이다. 오디오북의 특징 역시 독서 권리장전을 닮았다. 종이책은 재미가 없다면 더 이상 진도를 나가기 어렵다. 하지만 오디오북은 속도를 빠르게 해서 들으며 내용과 흐름을 파악해도 된다. 종이책은 건너뛰고 내용을 읽어나가기 힘들지만 오디오북은 가능하다. 또한 재미있는 부분이나 중요한 부분은 두 번 세 번 들으면서 내용을 되새기거나, 처음 들었을 때와의 차이점 등을 비교할 수 있다.

오디오북을 이용한 생각의 방 탈출하기도 이런 식으로 진행하는 것이 좋다. 오디오북은 앞서 했던 방 탈출 소재들과는 달리 청각에만 의존해야 한다. 이에 오디오북은 상상력을 자극하기 좋고, 창의성을 키우기에도 좋다. 건너뛰기, 빠르게 듣기 등 오디오북만의 다양한 기능은 상상력과 창의력의 발산을 극대화할 수 있다. 또 다양한 기능을 적절히 배치함으로써 활동의 흥미를 배가시킬 수 있다. 오디오북을 활용해 생각을 키워보자.

- 오디오북을 듣고 기승전결 파악하기. 결론 바꿔보기
- 오디오북을 듣고 머릿속에 떠오르는 주요 장면을 글로 묘사해보기
- 주인공과 등장인물, 배경에 대해 그림으로 그려보기
- 내용에 어울리는 배경이나 효과음을 찾아서 어느 지점에 삽입할지

설명하는 글쓰기

- 동명의 종이책 찾아서 읽어 보고 오디오북과 비교해보기. 비슷한 점과 다른 점을 비교하는 글쓰기
- 종이책에 있는 내용을 직접 각색하고 낭독해보기

한편, 웹툰은 그림을 중심으로 이야기를 풀어나간다는 특징이 있다. 글을 빼곡히 적어나가며 작가의 생각은 꼼꼼히 풀어나가는 책에 비해 상대적으로 여백이 많고, 달리 해석할 여지도 많다. 이 점을 이용해 생각의 방 탈출을 하는 것이 좋다. 또한 웹툰을 원작으로 한 영화나 드라마가 많은 만큼, 원작 웹툰과 영화(혹은 드라마)를 비교해서 닮은 점과 차이점을 비교·분석하는 글쓰기를 하고 앞서 말한 웹툰의 특징을 적극적으로 활용하면 폭넓은 활동을 할 수 있다.

- 원작 웹툰과 영화(혹은 드라마)를 비교해서 닮은 점과 차이점을 비교·분석하는 글쓰기

ex. 「신과 함께」 원작과 영화 비교해보기

항목	웹툰	영화
내용 전개		
결말		
등장인물의 외모		
등장인물의 성격과 느낌		

- 웹툰 중 마음에 드는 그림을 골라 말풍선을 지우고 다시 말풍선 속 글을 채워보기
- 웹툰 기승전결 중 결말 스토리를 다시 글로 쓰고 그림 그려보기

- 읽었던 웹툰 중 가장 기억에 남는 캐릭터 두 개 이상 찾아보고 비교
  하는 글쓰기. 이 캐릭터들을 합쳐 새로운 이야기를 구성해보기

B. 기획으로 완성하자
- 오디오북 기획하기

  오디오북을 기획해보자. 오디오북을 만들기 위해 내가 창작을 해도
  좋고, 기존에 출간된 책들 중 오디오북으로 제작하고 싶은 책을 선
  정해도 좋다.

항목	내용
오디오북 정하기	창작물, 혹은 기존 출간된 책(출간된 책을 선정했을 경우 왜 선정했는지 이유도 작성하기)
제목	제목과 제목을 정한 이유를 작성하기
낭독자, 효과음	낭독은 누가 할 것인지(ex. 연예인, 성우, 본인이 직접 등) 정하고 왜 정했는지 이유 작성하기 오디오북에 사용할 배경음악과 효과음 작성하기
장르	일상, 코믹, 감성, 스포츠 등
등장인물	주요 등장인물과 성격 소개
줄거리	어떤 내용인지 줄거리 간략히 정리해서 작성

- 웹툰 기획하기

항목	내용
웹툰 제목	제목과 제목을 정한 이유를 작성하기
장르	일상, 코믹, 감성, 스포츠 등
줄거리	어떤 내용인지 줄거리 간략히 정리해서 작성
등장인물	주요 등장인물과 성격 소개
그림	어떤 그림체를 사용할 것인지 간단히 그려보기

- 오디오북의 내용을 바탕으로 웹툰 기획하기, 혹은 웹툰을 바탕으로 오디오북 기획하기

항목	내용
제목	제목과 제목을 정한 이유를 작성하기
장르	어떤 장르인지 적어보기, 오디오북 혹은 웹툰으로 전환할 때 장르를 바꾼다면 왜 바꾸는지 글쓰기
줄거리	어떤 내용인지 줄거리 간략히 정리해서 작성
등장인물	주요 등장인물과 성격 소개
줄거리 글로 쓰기	오디오북에서 웹툰으로, 혹은 웹툰에서 오디오북으로 넘어가기 위한 중간 단계. 오디오북이나 웹툰의 주요 내용을 글로 쓴 뒤 이를 참고해서 다른 장르로 변환
그림(오디오북→웹툰의 경우)	어떤 그림체를 사용할 것인지 간단히 그려보기
낭독자, 효과음 (웹툰→오디오북의 경우)	낭독은 누가 할 것인지(ex. 연예인, 성우, 본인이 직접 등) 정하고 왜 정했는지 이유 작성하기 오디오북에 사용할 배경음악과 효과음 작성하기

C. 생각의 방 탈출 예시

오디오북, 웹툰을 이용한 생각의 방 채우기에서 오디오북 「코는 왜 가운데 있을까」와 웹툰 「모죠의 일지」를 예로 들어 방을 채운 바 있다. (100p 참고)

개요 및 생각의 방

제목	모죠의 일기
주제	일상 속 다양한 에피소드 속 삶의 깨달음과 여러 감정을 표현
줄거리	'집콕' 하는 작가가 겪는 일상, 여행기, 새로운 일 도전 등 다양한 일상 속 체험 소재
떠오르는 단어, 문구, 문장을 자유롭게 기록	모죠, 작가, 작가와 닮은 캐릭터, 에피소드, 유머, 웃음, 눈물, 감정, 관찰

제목	코는 왜 가운데 있을까
주제	우리는 모두 각자 쓰임새가 있는 중요한 존재다
줄거리	얼굴에 있는 눈, 코, 귀, 입은 자신이 제일 중요하다며, 얼굴 가운데 자리 잡기를 원한다. 누가 제일 중요한지 알아보겠다며 눈, 코, 귀, 입은 하던 일을 멈췄다. 보이지 않고 들리지 않고 말하지 못하는 것도 불편했지만 가장 불편한 건 숨을 쉬지 못하는 것이었다. 그래서 코가 얼굴 가운데 위치하는 것이고 눈, 귀, 입도 자신의 역할을 가장 잘 할 수 있는 자리에 위치하면서 사람 얼굴 모양이 비로소 완성되었다.
떠오르는 단어, 문구, 문장을 자유롭게 기록	눈, 코, 귀, 입, 얼굴, 생김새, 숨쉬기, 중요한 것, 역할

이를 이용해 생각의 방을 탈출해보자. 오디오북과 웹툰은 각각 청각과 시각 등 제한된 감각을 이용해 사고를 확장하고 연결해야 한다. 이에 동화를 오디오북으로 만든 「코는 왜 가운데 있을까」를 웹툰으로, 웹툰인 「모죠의 일지」를 오디오북 콘텐츠를 만들어보는 활동을 해보자.

공통 (글쓰기 및 변환 준비)	- 오디오북과 웹툰에 전개된 내용을 기승전결로 나눠보고, 완결된 글로 재구성해 써보기 - 「코는 왜 가운데 있을까」를 듣고 떠오르는 이미지와 느낌에 대해 글로 작성해보기 - 「모죠의 일지」를 읽고 에피소드 중 몇 개를 골라 나라면 어떻게 했을지 글로 작성해보기 - 작가의 일상 에피소드를 다룬 모죠의 일지와 마음의 소리를 비교해서 공통점과 차이점 글로 작성해보기
오디오북→웹툰	- 「코는 왜 가운데 있을까」의 눈, 코, 귀, 입이 각각 어떤 캐릭터인지 설명하는 글 작성하기 - 「코는 왜 가운데 있을까」의 눈, 코, 귀, 입을 어떻게 웹툰 캐릭터로 표현할 것인지 직접 그려보기
웹툰→오디오북	- 「모죠의 일지」 에피소드 중 몇 편을 완결된 글로 옮겨보고 이를 낭독해보기 - 「모죠의 일지」를 오디오북으로 만들 때 낭독자는 누구인지, 배경음악과 효과음은 어떻게 쓸 것인지 기획안 작성해보기

5) SNS를 이용한 생각의 방 탈출하기

A. 이렇게 탈출하자: 짧게 압축해서 표현하기

SNS(Social Network Service, 사회 관계망 서비스)는 우리에게 가장 익숙한 단어다. 스마트폰과 밀접한 관계에 있는 아이들도 그렇다. 요즘 아이들은 트위터, 페이스북, 인스타그램 등 다양한 소셜미디어에 노출되어 있으며 최소한 한 개 이상의 계정을 직접 운영하는 경우도 많다.

특히 텍스트를 읽고 글을 써야 하고, 로그인을 해 체크해야 하는 이메일에 비해 SNS는 빠르고 즉흥적으로 상호 간 소통을 할 수 있어 포노 사피엔스이자 디지털 네이티브인 요즘 아이들이 선호한다.

SNS를 이용한 생각의 방 탈출은 이런 SNS의 속성을 이용하는 것이 좋다. 짧고 빠르게 표현하고 소통하는 만큼, '좋아', '별로야' 같은 단순한 표현 대신 간결하지만 압축적인 표현을 담아낼 수 있도록 지도하자. 가장 좋은 교재는 광고 카피다. 광고 카피는 한 줄의 문장으로 제품의 이미지와 기능을 담아내고 소비자의 마음을 움직일 수 있어야 하기 때문이다. 아래와 같이 활용해보자.

- 유튜브, TV, 신문 광고 등 노출된 광고 중 마음에 드는 카피 모아서 글로 옮겨 써보기
- 옮겨 적어놓은 카피 패러디하기
- 마음에 드는 물건, 혹은 광고하고 싶은 물건 찾아서 카피 작성하기
- 신조어, 줄임말, 비속어 없이 글 쓰는 연습하기
- 카피 연습을 토대로 내 SNS 프로필 바꾸기. 나를 한 문장으로 설명하기

- 카피 연습을 토대로 생일이나 좋은 일을 맞은 친구에게 재치 있는 댓글 남기기

아울러 기존 SNS 사용 패턴을 분석하고 이를 기획에 반영해보자. 어렵다면 아래의 예를 참고 삼아 생각해보자.

- 자주 사용하는 SNS(트위터, 페이스북, 인스타그램 등)와 사용하는 이유 글로 쓰기
- 주로 어떤 용도로 사용하고, 어떤 기능을 자주 사용하는지 글로 쓰기
- SNS 친구 수, 가장 친한 친구, 친한 친구와 어떤 내용을 주고받는지 글로 쓰기
- 현재 사용 중인 SNS의 불편한 점, 개선했으면 하는 점

B. 기획으로 완성하자
- 나만의 SNS 개발 기획안 작성하기
  SNS는 또래 친구들과의 관계를 돈독하게 해준다. 또, 자녀의 생각을 파악할 수 있다. 아래의 표를 참고해 나만의 SNS 개발 기획안을 작성해보자.

항목	내용
이름	새롭게 만들 SNS 이름과 이름을 지은 이유
특징	기존 SNS와 다른 새 SNS의 특징과 기능 현재 사용 중인 SNS에서 드러난 불편한 점을 어떻게 개선했는지 작성해보기
용도	주로 어떤 용도로 사용할 것인지, 친구들에게 어떻게 소개할 것인지 작성해보기

- 개발 기획 표가 완성되었다면 어떤 모습의 SNS인지 그림으로 표현
  해보자. 개발한 앱을 스마트폰에 설치하고 실행시켰을 때 나타나는
  화면이라고 생각하고 그려보자.

C. 생각의 방 탈출 예시
- 우리 반 친구들을 위한 SNS 앱 만들기
  학교생활을 하다 보면 선생님의 가정통신문, 친구들끼리 소통하는
  카톡방, 수업자료를 위한 공간이 모두 제각각이다. 하나의 앱에서
  소통한다면 이런 불편함을 줄일 수 있을 것이다. 이런 기능들을 모
  아 우리 반을 위한 앱을 만들어보자

16

미디어 콘텐츠를 이용한
방 탈출하기(NIE)

A. 이렇게 탈출하자 : NIE 활용하기

미디어 콘텐츠를 이용한 생각의 방 탈출의 핵심은 NIE다. NIE는 신문을 활용한 교육 프로그램(Newspaper in Education)을 뜻하는데, 과거엔 신문에 국한되었지만 현재엔 뉴스를 접할 수 있는 모든 플랫폼의 콘텐츠에 해당된다. 신문은 물론 TV, 잡지, 유튜브, 팟캐스트, SNS까지 뉴스를 생산하거나 게재하는 공간의 콘텐츠는 모두 포함될 수 있다.

NIE 역시 리터러시 활동이 중심이 된다. 텍스트 사진 영상 등 다양한 형태의 뉴스 기사를 통해 정보를 얻는 한편 사회 문제에 대한 배경지식을 쌓을 수 있다. 또한, 한 가지 사안을 두고 상반되는 기사들을 비교해 보거나 언론사의 입장과 주장을 담은 사설 칼럼을 지지하거나 비판해봄으로써 논리적 비판적 사고도 키울 수 있다.

아울러 NIE는 확장성이 뛰어나다. 영상 뉴스 기사를 본 뒤 유튜브 영화 TV 기획 활동처럼 글쓰기를 할 수도 있고, 사진을 오리고 붙이면서 콘텐츠를 만들 수도 있다. 또한 만화와 만평 속 글과 그림을 이용할 수도 있다. 이런 과정을 통해 NIE는 창의적 사고를 키우는 데 도움을 줄 수 있다.

NIE를 위한 사전 준비

기사를 접할 때는 생각의 방 탈출을 염두에 두고, 기사를 분석하고 정리해 놓는 것이 좋다.

- 기사를 읽을 때 항상 육하원칙(5W 1H)부터 파악하고, 각 항목에 해당하 는 내용을 찾아 적는다

- 육하원칙을 파악한 뒤 기사의 주제와 내용을 파악한다

- 사설 칼럼을 읽을 때는 사실과 주장을 구분해 적는다

a. 텍스트 기사를 이용한 탈출 활동

다양한 플랫폼이 생겨나면서 기사의 형태도 다양화되고 있다. 하지만 기사의 근간이 되는 것은 여전히 텍스트 기사다. 포털에서 주목받는 사진 기사, 유튜브를 겨냥한 영상 기사, SNS를 바탕으로 하는 카드 뉴스 등 다양한 기사의 뿌리는 텍스트 기사다. 뉴미디어 형 기사들의 기획안도 텍스트 기사로부터 나온다. 심지어 뉴미디어 형 기사를 만들려고 일부러 텍스트 기사를 먼저 작성하기도 한다.

따라서 텍스트 기사의 이해와 활용은 NIE의 시작이다. 텍스트 기사에 대한 이해가 부족하면 다음 단계로 넘어가기 어렵다. 앞서 생각의 방 채우기에서 스크랩해둔 텍스트 기사들을 활용해 글쓰기를 해보자. 텍스트 기사를 활용한 글쓰기는 앞서 연습했던 '정비창' 글쓰기와 같다.

정리하는 글쓰기	- 기사의 주제 및 핵심 문장 찾아서 밑줄 긋고 이를 연결해서 완결된 글 다시 써보기 - 기사 짧게 요약하기 - 기사 뒷부분을 읽고 앞으로 벌어질 일 추론해서 글쓰기 - 시사 용어 사전 만들기. 기사에서 잘 모르는 시사 용어를 찾아 그 뜻을 파악해보고 별도의 노트를 만들어 나만의 시사 용어 사전 만들기 - 인터뷰 기사를 참고해서 선생님, 친척 등 주변 사람 인터뷰 시 어떤 질문을 할 것인가 질문지 만들어보기. 질문지 완성 후 실제로 인터뷰해서 기사 쓰기
비판적인 글쓰기	- 사설 칼럼을 읽고 지지 혹은 비판하는 글쓰기 - 한 사건에 대해 반대의 입장을 가진 두 개의 기사를 읽고 분석하기, 어느 한쪽 기사 비평하기 - 독자투고란을 보고 독자의 입장에서 지지하기, 혹은 반론하기 - 좋아하는 유튜브, TV 프로그램을 보고 분석 비평 기사 쓰기
창작 글쓰기	- 기사를 읽고 앞으로 일어날 일을 상상해서 글쓰기 - 기사 속 등장인물만 남기고 스토리 다시 만들어 글쓰기

b. 사진 기사를 이용한 탈출 활동

사진 기사는 뉴스를 한 장의 사진으로 압축해서 보여준다. 사진 속 등장인물이 누구인지, 등장인물이 어떤 활동을 했는지, 어떤 분위기인지, 등장인물의 말과 행동으로 인한 결과가 어떠했는지 등 기사 속 육하원칙 사항과 그 이외의 것들을 파악할 수 있는 것이다.

특히 글보다 먼저 눈에 들어오는 특성 때문에 사진 기사는 포털 사이트에서 주목받고 있다. 요즘은 한 장의 사진으로 보도하던 형식을 넘어여러 장의 사진을 붙인 화보 형식의 포토스토리 기사도 인기를 끌고 있다. 신문지면은 물론 온라인을 장식하는 다양한 사진 기사를 아래와 같이 활용해보자.

- 사진을 보고 사진 속 인물의 상황을 추측해서 글쓰기
- 사진 기사와 관련된 텍스트 기사를 찾아서 읽어 보고, 사진이 내용을 얼마나 잘 반영했는지 평가하는 글쓰기
- 사진을 보고 캡션(사진 설명) 작성해보기
- 롤모델을 찾은 뒤 신문 속 사진들을 오려 나만의 롤모델 화보집을 만들고, 글과 사진이 어우러진 포토스토리 뉴스 작성하기
- 직접 촬영해서 사진 기사 작성하기(ex. 계절의 변화, 귀성길 소식 등)

앞서 살펴본 코로나19 사진 기사(포토뉴스)를 활용한 생각의 방 탈출 (114p 참고해 활용)을 해보자.

 사진 기사를 활용한 생각의 방 탈출

가) 사진들의 주제는 동일하다. 하지만 다양한 곳에서 다양한 소재를 두고 촬영해 서로 다른 모습이다. 어떤 점이 닮았고 어떤 점이 다른지, 내가 사진기자라면 이 주제를 두고 어떤 모습을 촬영할 것인지 글로 작성해보자.

나) 사진을 연결해 스토리를 만들고, 사진에 만화처럼 말풍선을 달아보자.

c. 카드 뉴스를 이용한 탈출 활동

카드 뉴스는 뉴미디어 플랫폼의 발달과 맞물려 등장한 뉴스로, 뉴스계의 히트상품이다. 각 언론사는 카드 뉴스 콘텐츠 생산에 박차를 가하고 있으며 새로운 포맷 개발에 고심하고 있다. 특히 카드 뉴스는 SNS 플랫폼에 최적화되어 있어 각 언론사는 카드 뉴스를 자사 공식 SNS 계정에 업로드 하고 있으며 이용자들은 공유하며 이를 확산시킨다.

카드 뉴스는 말 그대로 카드를 한 장씩 넘겨보듯 한눈에 쉽게 볼 수 있는 것이 특징이다. 텍스트와 이미지가 만나 가독성을 한층 끌어올린 만큼 아이들이 접하기에도, 직접 만들기에도 좋다. 특히 카드 뉴스는 요약과 압축 능력에 성패가 달려있다. 하지만 이미지 중심의 뉴스라 세세한 내용을 모두 담을 수 없고, 텍스트 내용을 줄이고 요약해서 전달해야 하므로 이 과정에서 왜곡과 선동의 위험도 있다.

TOL TIP
카드 뉴스의 특징

- 그림과 사진 중심이라 이해하기 쉽다. 빠르게 제작할 수 있다
- 요점만 간결하게 정리해야 하고, 각 카드가 유기적으로 연결돼야 하므로 논리적 사고를 기르기에 좋다
- 영상뉴스보다 제작이 수월하다
- SNS를 통해 확산하기 쉽다

관심사, 주위에 알리고 싶은 내용을 담은 기사 찾아보고 찾은 소재를 기승전결로 나누고 각각 항목에 들어갈 내용을 간략하게 글로 써보자. 내용을 적절히 분배에 각각의 카드에 나누어 넣고, 각 카드 내용에 맞는 그림이나 사진 넣어 카드뉴스를 만들 수 있다. 카드 뉴스의 포맷은 아래와 같다.

기(첫 번째 컷)	승(두 번째 컷)
텍스트 작성, 사용할 이미지 삽입	텍스트 작성, 사용할 이미지 삽입
전(세 번째 컷)	결(네 번째 컷)
텍스트 작성, 사용할 이미지 삽입	텍스트 작성, 사용할 이미지 삽입

카드 뉴스를 만들어 생각의 방 탈출하기

아래의 텍스트 기사를 이용해 카드 뉴스를 만들어보자. 사진이나 그림은 기존에 있는 것을 검색해서 사용해도 좋고, 직접 그리거나 찍어도 좋다.

 美 우주인, 62일간의 임무 마치고 바다로 '텀벙'… 해상 귀환은 45년만
-어린이 조선일보, 2020년 8월 4일

d. 시사만화, 만평을 이용한 탈출 활동

아이들에게 신문을 펼쳐 보이면 가장 먼저 시선이 가는 곳은 어디일까? 대부분 만화나 만평에 눈길이 갈 것이다. 아이들에게 가장 친숙한 콘텐츠이기 때문이다. 그렇기에 만화와 만평은 다양한 뉴스 콘텐츠 중 활용하기에 가장 좋은 소재다.

다만 신문에 실린 만화와 만평은 시사적인 내용을 담고 있다. 배경지식 없이 시사만화와 만평을 볼 때 내용 파악에 어려움을 겪을 수 있다. 시사만화, 만평을 이용한 생각의 방 탈출 시에는 부모가 먼저 만화, 만평을 본 뒤 연관된 텍스트 기사를 찾아 아이에게 읽히는 것이 좋다.

아울러, 시사만화와 만평은 내용을 떠나 그림 자체만으로도 훌륭한 교재가 될 수 있다. 말풍선을 지운 뒤 그림만 보고 말풍선을 다시 채워 넣거나, 반대로 말풍선만 남기고 그림을 지운 후 아이에게 그림을 그리게 하는 것도 좋다. 이 활동만으로도 전혀 다른 내용의 만화와 만평을 만들 수 있다. 시사만화, 만평이지만 새롭게 구성한 것은 정치적인 내용이 아니어도 좋다. 활용방법은 다음과 같다.

- 말풍선 비운 뒤 그림만 보고 채워 넣기
- 말풍선만 남기고 지운 후 그림 다시 그리기
- 만화 중간이나 끝부분을 지운 뒤 다시 그림을 그리고 글을 써서 완성하기
- 만화, 만평에 등장하는 인물이나 사건에 대한 관련 기사 찾아보고 '정비창' 글쓰기
- 만화, 만평을 보고 기사로 쓰기
- 기사를 읽고 만화, 만평 그리기

 만평 활용 예시(116p QR코드를 참고해 활용)
가) 만평의 말풍선을 다시 채워보자
나) 만화의 말풍선을 본 뒤, 말풍선 내용에 맞게 그림을 새로 그려보자(1번~3번 컷). 그리고 마지막 4번 컷은 직접 그림과 말풍선을 모두 그려 만화를 완성해보자.

B. 기획으로 완성하자

미디어 콘텐츠를 이용한 생각의 방 탈출은 다른 사람(기자)이 취재하고 작성한 글을 이용한 활동이었다. 텍스트 기사, 사진 기사, 카드 뉴스, 만화 만평 등으로 기사의 특성과 구조에 친숙해졌다면 이젠 직접 기사를 기획하고 취재해서 작성해보자.

기획은 '어떤 기사를 쓸 것인가' 기사의 주제를 찾는 것이고, 취재는 기사 주제에 맞는 내용을 채우기 위해 직접 정보를 얻는 활동이다. 취재는 사람을 직접 만나는 대면 취재, 현장에 직접 나가 이것저것 살펴보고 질문하는 현장 취재, 그리고 기사를 뒷받침할 각종 자료를 검색하고 찾

는 온라인 취재가 동반되는 것이 좋다.

그렇게 주제를 정하고 취재를 완성한 후 이를 글로 써서 기사로 알리는 것이 기사 작성이다. 기사 작성은 앞서 배운 육하원칙에 따라 작성하며 되도록 짧고 간결한 문장을 사용하도록 한다.

한편, 기사 기획부터 취재 기사 작성까지 반복해 익숙해졌다면, 작성한 기사를 토대로 어린이 신문에 투고하거나 어린이 기자단에 지원해보자. 자신의 이름이 지면에 나온다면 동기부여가 될 뿐만 아니라 성취감을 맛볼 수 있다.

TOL TIP
어린이 신문 투고와 기자 지원

현재 국내 어린이 신문은 어린이 조선일보, 어린이 동아, 소년 한국일보 등 국내 주요 일간지에서 발매하고 있다. 가까운 도서관 등엔 다양한 어린이 신문이 갖춰져 있으니 기사의 분량과 질, 매체의 성격 등을 종합적으로 고려해 매체를 택해보자.

특히, 대부분의 매체엔 기사 투고란과 어린이 명예 기자 지원 코너가 있다. 기존 어린이 명예 기자들이 어떤 기사들을 작성했는지 읽어 보고, 어떤 기사들이 잘 채택되는지 파악해두는 것이 좋다. 아울러 각 어린이 신문의 어린이 명예 기자들의 기사를 NIE의 소재로 활용해도 좋다.

가장 중요한 것은 주제 선정이다. 주제는 내 주위의 관심사이면서 동시에 사회 문제와 연결된 것이면 좋다. 예를 들어 '코로나로 인한 재택 수업의 좋은 점과 문제점', '여름용 반바지 교복 도입에 관한 생각' 같은 주제다.

주제를 잡으면 취재에 나서는데 앞서 언급한 대로 대면 취재, 현장 취재, 온라인 취재 등 다양한 방법을 병행하는 것이 좋다. 취재는 생각의 방을 채운다고 생각하고 최대한 많은 정보와 의견들을 알아내는 것이 좋다.

이후 취재한 내용들을 보강하는 동시에, 취재 내용의 사실 여부를 따져보자. 인터넷 검색도 좋고 도서관에서 관련 책들을 찾아보는 것도 좋다. 이후 정리된 정보를 중심으로 기사를 작성하자. 한국어린이기자단에서 발표한 어린이 기자들을 위한 취재 요령은 다음과 같다.

- 육하원칙은 기본이다
- 간결하고 함축적인 제목을 쓰자
- 첫 문장에서 전체 윤곽을 잡아야 한다
  첫 문장만 읽고도 전반적인 내용이 한눈에 들어와야 한다
- 말하듯이 쓰자
- 통계를 넣어 인상적으로 만들자
  기사의 근거를 보충하고자 신뢰도 있는 기관의 통계자료를 인용한다
- 짧은 인터뷰 내용을 넣자
  기사의 정확성을 높이는 가장 좋은 방법은 관련 인물의 인터뷰를 넣는 것이다
- 사진은 다양한 각도에서 찍자
- 행사 또는 사진의 의미와 중요성을 강조하자

아울러, 국내 주요 어린이 신문사에서는 어린이 명예 기자를 모집한다. 대부분 상시모집 방식을 채택하고 있으며, 때에 따라 공고를 내고 어린이 명예 기자를 선발하기도 한다. 또한, 한국어린이기자단에서도 어린이 기자를 모집한다.

TOLution
직접 기획하고 취재해 기사 쓰기

1. 전반적인 흐름
아이템 찾고 정하기→취재 방향 정하기 및 기사 주제 확정→취재하기(대면, 현장, 온라인)→기사 작성 및 검토→신문사 투고

2. 아이템 찾고 정하기
- 나와 관련된 관심사인 동시에 사회 문제와 연결할 수 있는 것
  ex. 코로나로 인한 재택 수업, 여름방학, 수업일수 부족으로 방학 기간에도 등교
- 이 중 방학 기간 중 등교로 아이템 선정
- 등교하면서 부딪히는 일들 유심히 관찰
  ex. 코로나 전파 우려로 인한 냉방 자제, 급식 대신 오전 수업만
  (혹은 도시락으로 대체)
- 교복을 입는 학교라면 체감하는 더위는 더 심함
- '여름엔 반바지 교복을 입으면 어떨까?'로 범위를 좁히고 주제 확정

3. 취재 방향 정하기 및 기사 주제 확정
- 왜 반바지 교복을 입는 학교가 별로 없는지 이유 분석
- 반바지 교복에 대한 선생님과 학생들의 의견
- 반바지 교복을 입을 때의 장단점 조사
- 장점이 뚜렷하다면 왜 그런지 논거를 모으고 제시

4. 취재하기
- 대면 취재: 선생님과 학생들에게 질문하고 의견(대답) 모으기

- 현장 취재: 반바지 교복을 입지 않는 우리 학교 실태조사, 반바지 교복을 입는 친구네 학교 조사(직접 친구네 학교에 가서 취재 및 사진 촬영)
- 온라인 취재: 반바지 교복 입는 국내외 학교 사례들 조사, 연구사례나 기사 검색 후 모으기
- 포털이나 커뮤니티에 '반바지 교복에 대한 여러분의 생각은?'이라는 질문 올리고 여론 파악

5. 기사 작성 및 검토
- TOL을 이용해 모아놓은 자료들과 생각을 채우고 정리
- 정리한 글감을 기승전결 순서에 맞게 배치
- 기승전결 뼈대를 중심으로 살붙이기(선생님, 학생들 멘트나 찾아놓은 실사례 자료들)
- 작성 후 주제와 내용에 이상은 없는지, 논리적인 흐름은 자연스러운지 검토

6. 어린이 신문사 투고
- 어린이 신문에 투고, 혹은 해당 기사를 들고 어린이 기자 지원

C. 생각의 방 탈출 예시

미디어 콘텐츠를 이용한 생각의 방 채우기에서 펭수의 인기 원인을 분석한 기사 '어른이들 입덕시킨 거대 펭귄, 아세요?'를 예로 들어 방을 채운 바 있다.(118p 참고)

개요 및 생각의 방

제목	어른이들 입덕시킨 거대 펭귄, 아세요?
주제	펭수 인기의 비결과 이유를 분석한 기사
줄거리	EBS 유튜브 채널 '자이언트 펭TV' 구독자 수가 212만 명 (2020년 7월 기준)을 넘어서며 인기를 끌고 있다. 나이 10살, 키 210㎝의 펭귄인 '펭수'는 회사 선배인 뽀로로에게 도전장을 내민 연습생이다. 요즘 초등학생 장래 희망 1위가 크리에이터인 것처럼 펭수 역시 크리에이터를 꿈꾼다. 교훈을 주려 하는 기존 EBS 캐릭터들과는 다른 모습이 인기 비결이다. 특히 펭수는 자신의 감정을 적극적으로 표현하고 신조어도 쓴다. 감히 부를 수 없는 사장의 이름을 시도 때도 없이 언급하거나 당당히 "이직하겠다"고 밝히는 모습에 어른들도 펭수를 좋아한다.
	담당 PD는 "어린이 대상이더라도 아이다움을 강조하는 프로그램이 아니라 성인이 봐도 웃을 수 있는 프로그램을 만들고 싶었다. 교훈적인 메시지를 일방적으로 전하기보다 유튜브를 통해 활발히 소통하며 유대감을 맺고 싶었다"고 설명했다.
떠오르는 단어, 문구, 문장을 자유롭게 기록	펭수, 자이언트 펭귄, EBS, 초통령, 뽀로로, 인기, 펭티브이, 유튜브, 크리에이터, 어른들도 좋아한다, 어른이

생각의 방 속 소재들을 이용해 '정비창' 글쓰기를 하면서 생각의 방을 탈출해보자.

정리하는 글쓰기	- 위 기사 중 핵심 문장을 찾아서 밑줄을 그어보고 이를 연결해서 요약판 기사로 작성해보자 - 위 기사의 제목을 다시 정한다면 무엇이 좋을까? 기사 내용을 참고해 직접 기사 제목을 지어보자 - 내가 펭수를 인터뷰한다면 무엇을 물어볼까? 질문지를 만들어보자
비판적인 글쓰기	- 펭수는 뽀로로 등 다른 캐릭터와 달리 신조어도 쓰고 사장님에게도 그만둔다고 자주 말한다. 이런 펭수의 태도에 대해 지지 혹은 비판하는 글을 써보자 - 기자가 밝힌 펭수의 인기 이유 이외에 자신이 생각하는 펭수 인기 비결은 무엇인지 기사로 써보자 - 뽀로로 vs 펭수를 비교 분석하는 기사를 써보자
창작 글쓰기	- 펭수의 미래는 어떻게 될까? 위 기사의 후속편을 써보자 - 내가 펭수라면 어떤 유튜브 콘텐츠를 만들까? 펭수의 입장이 되어 기획해보자 - 펭수에 대한 의견이나 하고 싶은 말을 EBS에 보내려고 한다. 어떤 내용이 좋을지 글로 작성해보자

17
토론을 통한 생각의 방 탈출하기

토론은 어떤 주제에 대해 자신의 주장을 펼치는 것으로, 찬성과 반대의 관점으로 나뉘는 특징을 가지고 있다. 특히 토론은 주제에 대해 자신의 입장을 관철하기 위한 근거를 들어 말해야 하므로 논리적 사고가 요구된다.

앞서 TOL 글쓰기를 통해 자기 생각을 완성하는 훈련을 했는데, 토론은 이 세 단계를 거쳐 완성된 내 생각을 말하는 것으로 생각하면 쉽게 접근할 수 있다. 아이가 자신의 의사를 밝히는 과정을 거치면서 견해와 주관이 뚜렷해질 수 있고, 풀어놓았던 생각을 아우를 수 있다. 종합적인 사고의 출발점인 토론 훈련을 해보자.

1) 토론에 임하는 태도

토론을 잘하는 사람들은 개인적인 생각과 감정을 자제하고 최대한 객관적인 시각을 가지려고 한다. 그러기 위해선 내 생각이 고정관념이나 선입견이 아닌지 의심해봐야 한다. 또한 내 생각이 틀릴 수 있다는 것을 인정하고 받아들이고 다른 사람이 내 생각을 논리적으로 비판하고 지적하면 경청하는 태도를 갖도록 하자.

반면 토론에 지는 사람들은 자신의 감정만을 내세우거나 즉흥적 충동적으로 말하고 행동하거나 때로는 공격적이기까지 하다. 왜냐하면 내 생각이 틀릴 수 있음을 받아들이지 못하거나 다른 사람이 내 생각을 비판하거나 지적하면 경청하지 않기 때문이다.

그렇기 때문에 토론 사회자 및 중재자로서의 부모의 태도는 중요하다. 되도록 중립적인 태도를 갖고 토론자들의 발언이 감정적이거나 즉흥적인지 파악하고 이를 바로 잡아주어야 한다. 아이들이 토론을 잘하게 하려면 의사 표현을 분명히 할 수 있도록 눈치를 주지 않아야 하며 발언이 끝나면 반드시 칭찬과 격려를 해주고, 핵심 발언과 내용은 경청하고, 발언이 끝나면 '~한 주장이라는 거지?'라고 하면서 정리해주는 것이 좋다.

유의할 점은 부모의 생각과 다르거나 의도치 않은 발언을 한다고 이를 즉시 바로 잡지 않도록 해야 한다. 토론이 길어지다 보면 아이들이 지루해할 수 있다. 중간중간 활기를 불어넣는 발언과 격려는 필수다. 마지막으로 종료 시 어느 한쪽으로 결론짓지 말고 양측의 의견을 종합하고 정리하는 역할만 하도록 하자.

2) 토론 소재 찾는 법

토론은 긍정 또는 부정의 입장을 취할 수 있는 문제를 다루는 만큼, '인간은 누구나 법을 지켜야 한다', '자연을 보호해야 한다' 같이 정답이 정해져 있는 사건이나 현상은 토론 소재로는 좋지 않다.

긍정 부정 입장이 첨예하게 대립하거나, 당연하다고 생각했지만 역으로 생각해볼 수 있는 문제들이 좋다. 시사 문제는 토론의 좋은 소재다. 단

전문지식이 필요하거나 아이들이 이해하기엔 다소 어려운 사회 현상들은 피하는 것이 좋다. 시사 문제를 토론의 주제로 할 때는 되도록 아이들의 이해관계가 얽힌 '게임 셧다운제, 학교 폭력에 성인 법 적용 검토, 유튜브 어린이용 분리 방침 등'과 같은 시사 문제가 좋다

쉽게 토론할 수 있는 소재로는 '줄임말이나 인터넷 신조어 사용, 빼빼로데이 챙기기' 등과 같은 아이들 일상생활과 밀접한 소재들이 좋다. 특히 학교나 학원에서 벌어지는 일들, 제도를 둘러싼 문제들이 아이들이 관심을 가지기에 좋다. 아이들이 좋아하는 유튜브, 혹은 영화 속 등장인물의 행동에 대한 찬반도 좋은 토론 소재가 될 수 있으니 활용해보도록 하자.

3) 주제를 놓고 다양한 방식으로 토론하기

토론하기 위해 먼저 토론 주제, 토론자, 사회자, 토론 규칙 등을 준비하자. 준비되었다면 토론을 진행해보자. 되도록 아이와 또래 친구들 등 눈높이가 맞는 사람끼리 토론을 하는 것이 좋고, 부모는 사회자 역할을 하는 것이 바람직하다. 토론 상대가 마땅치 않으면 부모가 자녀의 생각과 대치되는 역할을 해준다. 주어진 주제에 대해 자기 생각 펼치게 하자. 지지, 반론 어느 쪽도 좋다.

A. 논리적 사고를 바탕으로 토론해 보기

주제를 정했으면 토론을 진행해보자. 토론 주제는 아이들의 관심사, 혹은 아이들이 관심이 있는 인물이나 사건을 다루는 것이 좋다. 관심이 없거나 잘 모를 때 배경지식부터 쌓은 뒤 토론을 해야 하는데, 관심 분야라면 이러한 시간을 단축할 수 있다.

먼저 아이들이 좋아하는 BTS를 소재로 토론을 할 경우 관련 기사를 먼저 검색한다. 이후 콘서트 소식이나 방송 출연 등 동정에 관한 기사를 제외하고, 사회적 이슈(병역특례)와 얽힌 문제, 논란이 될만한 소재를 선택한다. 기사가 아니더라도 현재 아이가 피부로 느끼고 있는 문제를 다루는 것도 좋다.

 아래의 기사 혹은 사회적 이슈를 보고 찬성 혹은 반대 입장이 되어 토론해 보자.

가) BTS 병역특례

 BTS 병역특례 안 되고 이공계 특례는 유지한다
-조선일보, 2019년 11월 21일

찬성: 기준이 명확하지 않고, BTS에게 특례를 주면 다른 사람에게 적용할 때 더 애매해진다.

반대: BTS는 다른 병역특례자들처럼 충분히 국위선양을 했다. 특례를 못 받으면 역차별이다.

나) 코로나19 사태 중 놀이 공원 전면 개방

찬성: 놀이공원을 전면 개방한다고 해서 상황이 더 나빠질 것이라는 근거는 없다. 놀이공원을 못 가게 하면 사람들이 답답해서 다른 곳을 돌아다닐 수 있는데 그게 더 위험하다.

반대: 감염자가 많은 만큼 놀이공원 입장을 전면 허용하면 더 위험해질 수 있다. 코로나가 잠잠해질 때까지만 놀이공원 입장을 전면 금지하는 것은 문제 될 것이 없다.

B. 토론 주제를 놓고 역할극 하기

정통 토론 형식이 딱딱하거나 지루하면 역할극을 해보는 것도 좋다. 역할극은 주어진 토론 주제 속에서 첨예하게 대립 중인 당사자 중 한 역할을 맡아 자신의 주장을 펼치는 동시에 자신에게 처한 문제를 해결할 수 있도록 의견을 제시하고 주장을 하며 상대방을 설득시켜야 한다.

주 52시간 근무제 관련 역할극을 예로 들어보겠다.

역할극을 하려면 우선 '주 52시간 근무제'가 무엇인지 또 도입 배경과 효과에 대해서 알아야 한다. 그리고 주 52시간 근무제 시행 이후 갈등 상황에 관한 사례를 통해 발생 문제와 입장 차이, 그 이유 등을 사전에 파악해야 한다. 이후에 상대방 입장은 무엇인지, 상대방 입장에 대해 나는 어떻게 반박할 것인지 등 사전 준비가 필요하다.

 역할극 예시

문제: (가) 지역을 출발해 (나) 지역을 경유한 뒤 다시 (가) 지역으로 돌아오는 시내버스가 있다. 그런데 (가) 지역 주변에 신도시가 생기면서 이 버스는 (가) 지역을 떠나 신도시를 들른 뒤 기존 노선대로 (나) 지역을 돌아오는 것으로 운행 구간을 늘릴 예정이었다. 신도시 계획 당시 약속된 사항이었다. 그런데 운행 거리를 늘리게 되면 기사들의 근무 시간도 늘어나게 되고, 주 52시간을 넘길 수밖에 없다. 그래서 이 버스는 기사들의 주 52시간 근무를 위해, (가) 지역 신도시에 늘어난 거리만큼 기존 (나) 지역을 가지 않고 그 전에 돌아서 오기로 했다. 그러자 (나) 지역 주민들은 왜 멀쩡히 다니던 버스를 없애느냐고 반발했다. 이에 버스 회사에서는 노선 변경을 없던 일로 했고, 이번엔 버스

노선이 생길 뻔하다가 없어진 (가) 지역 주민들이 반발했다.

이 문제해결을 위해 각각 버스 회사 사장, (가) 지역 주민, (나) 지역 주민 중 하나가 되어 보자. 그리고 각자의 관점에서 논거를 들어 자신의 입장을 주장한 뒤 함께 토론해 보자.

- 예시에 나온 어느 한 입장을 들어 자기 주장하기
- 역할극을 하면서 자신의 입장을 뒷받침하는 논거 제시
- 상대 입장을 반박(공격) 및 상대 공격 시 재반박(수비)
- 토론 후 자기 생각을 글로 정리해보기

18

뉴미디어 논술을 통한
생각의 방 탈출하기

논술은 어떤 문제에 대해 자기 생각이나 주장을 논리적으로 풀어서 작성한 글로, 자신만의 생각을 갖는 것이 중요하다. 특히 논술문은 토론한 내용들을 총정리하기에 가장 좋은 수단이다. 토론이 '주장하는 말하기'라면 논술은 '주장하는 글쓰기'다. 토론을 위해서는 주제에 대한 핵심 파악은 물론, 주제에 대한 자신의 의견, 의견을 뒷받침할 근거 등을 논리적으로 준비하고 이야기해야 하는데 토론 후 이를 정리해서 글로 잘 정리한 것이 곧 논술이라고 해도 과언은 아니다.

특히 디지털 콘텐츠, 뉴스 기사를 비롯한 미디어 콘텐츠를 통해 생각의 방을 채우고 정리하고 탈출하는 활동을 해 온 만큼, 논술문 작성 역시 디지털 콘텐츠와 미디어 콘텐츠를 이용하면 효과적이다. 이것이 바로 '뉴미디어 논술'이다.

뉴미디어 논술문 작성도 토론처럼 종합적 사고력이 뒷받침되어야만 작성할 수 있다. 그런 만큼 논술 실력은 결코 하루아침에 길러질 수 없다. 토론을 통해 종합적 사고의 기반을 닦았다면 뉴미디어 논술을 통해 종합적 사고능력을 더욱 탄탄하게 만들어보자.

뉴미디어 논술 A to Z

　감상문은 영상을 본 후 느낀 감상을 적을 글로 한마디로 영상 독후감이라 할 수 있다. 반면에 논술문은 근거를 가지고 자기 생각을 주장하는 글이다. 그렇다면 뉴미디어 논술문은 무엇일까? 감상문과 논술문을 합친 것으로 영상을 보고 단순한 감상이 아닌 영상에서 주장하고 있는 문제에 대해 근거를 들어 찬성 혹은 반대하고 그에 따른 자기 생각을 논리적으로 주장하는 글이라고 할 수 있다.

　뉴미디어 논술을 뉴미디어 콘텐츠가 아닌 논술에 방점이 찍힌다. 다시 말해 글쓰기 활동이다. 시청과 내용 파악, 문제 분석에 공을 들이지만 읽기보다는 쓰기에 중점을 두어야 한다. 그리고 영상의 이해와 요약이 아닌 자기 생각을 드러내는 것이 핵심인 글쓰기이다. 전문 용어나 어려운 말이 아닌 내가 평소에 사용하는 쉽고 간결한 언어로 작성하면 좋다.

　뉴미디어 논술을 잘 하려면 평소에 생각하는 습관을 들이는 것이 좋다. 다음과 같이 생각해보도록 노력해보자.

- 문제를 다각도로 생각하기: 특정 주제에 대해 왜 그런 일이 생겼는지, 내 입장은 무엇인지, 어떻게 문제해결을 할 수 있는지 등 여러 측면에 대해 생각하기
  ex. '패스트 푸드는 나쁘다'라는 입장에 찬성할 경우 패스트 푸드의 나쁜 점만 잔뜩 늘어놓을 게 아니라 왜 나쁜지, 개선할 방법은 없는지 생각해보는 것
- 반대 입장에서 생각해 보기: 자기주장만 강조하면 일방적인 주장을 담은 글이 된다. 반대하는 입장에서도 생각해보고 이를 반박하거나

받아들이고 자기 생각을 유연하게 하는 태도가 필요하다.

- 적절한 근거 찾기: 주장은 적절한 근거가 뒷받침되어야 빛을 발할 수 있다. 주장하기에 앞서 적절한 근거를 마련하고 주장과 근거를 함께 짝지어 생각하자.

뉴미디어 논술을 하려면 우선적으로 파악해야 하는 것들이 있다. 뉴미디어 논술을 위한 준비 과정이다.

- 등장인물에 대한 내 생각, 콘텐츠가 전하려는 주제에 대해 파악하기
- 영상 내용에 대해 찬성 또는 반대의 입장을 정하기
- 찬성 또는 반대하는 이유에 대해 생각하고 핵심 단어나 문장을 기록해두기
- 기록해 둔 단어와 문장으로 생각의 방을 채우고 정리한 뒤 논술문 작성하기

준비과정을 마쳤으면 앞서 배운 기승전결에 따라 논술문을 전개하면 된다. 기에는 글을 쓰게 된 이유와 동기, 승에는 생각과 주장에 대한 근거제시, 전에는 반대 의견과 재반박을 제시하는 것이 좋고 결에는 다시 한 번 내 생각을 주장하고 마무리하면 좋다.

TOLution
감상문과 논술의 차이
- 감상문: 영상을 본 후 느낀 감상을 적은 글. 한 마디로 영상 독후감
- 논술문: 근거를 가지고 자기 생각을 주장하는 글
- 뉴미디어 논술: 감상문+논술. 영상을 보고 단순한 감상이 아닌 영상에서 주장하고 있는 문제에 대해 근거를 들어 찬성 혹은 반대하고 그에 따른 자기 생각을 논리적으로 주장하는 글

2) 뉴미디어 콘텐츠와 독서를 연계한 논술

뉴미디어 논술에 대한 개념을 제대로 이해했다면 본격적으로 논술문 쓰기에 도전해보자. 특히, 독서에 흥미를 느끼지 못하거나 어려워한다면 책과 관련된 영상들을 이용하면 된다. 유튜브는 물론 영화, TV 프로그램, 팟캐스트나 오디오북에 이르기까지 자료들은 차고 넘친다.

예를 들어 위인전의 경우엔 해당 위인을 소재로 한 영화나 드라마가 대부분 존재한다. 그럴 때 드라마와 영화를 먼저 시청한 뒤 전반적인 내용을 파악하고, 이후 책을 읽으면 내용 파악도 쉬울뿐더러 지루함을 덜 느낄 수 있다. 예를 들어 세종대왕 장영실에 대한 위인전을 읽는다고 가정한다면 이 두 사람의 이야기를 다룬 영화 「천문」을 함께 활용하면 좋다.

 세종대왕 장영실 위인전(책)과 영화 「천문」
  가) 독서 전 준비 과정
    - 조선 시대 최고의 왕인 세종대왕과 조선 최고의 과학자 장영실에 대해 알기
    - 영화 「천문」 시청
    - 세종대왕과 장영실에 대해 아는 대로 말해보기
    - 두 인물을 검색한 뒤, 어떤 인물인지 정리해보기

  나) 위인전 읽고 내용 파악하기
    세종대왕과 장영실 위인전을 각각 읽고 질문에 답해 보자
    - 집현전은 무엇을 하는 곳인가? 그리고 세종은 왜 집현전을 설치했나?

- 세종대왕은 왜 우리 말과 글(한글)을 만들려고 했나?
- 세종대왕이 남긴 업적 중 가장 기억에 남는 것은 무엇인가?
- 세종대왕은 왜 장영실을 불러들였나?
- 장영실 책 속에 나온 주요 발명품에 관해 설명해보자.
  (물수레, 혼천의, 갑인자, 자격루, 옥루, 측우기, 주렴)
- 장영실의 발명품 중 가장 좋았던 건 무엇인가? 현재 사용해도 좋
  을 만한 것은 무엇인가?
- 내가 장영실이라면 무엇을 연구하고 개발했을까?

다) 세종대왕과 장영실 합쳐서 생각하고 표현해보기

세종대왕과 장영실에 대해 더 알아보자. 위인전을 각각 읽고 내용
을 파악했다면, 이제부터는 두 위인전의 접점을 찾고 합쳐서 복합
적으로 생각해보고 질문에 답해보자.
- 세종대왕과 장영실은 어떻게 서로를 알게 되었나?
- 세종대왕과 장영실은 어떤 점이 닮았고, 어떤 점이 달랐을까?
- 장영실은 왜 세종대왕의 미움을 사게 되었나? 그리고 어떤 벌을
  받았나?
- 내가 장영실이라면 임금님의 미움을 받았을 때 어떻게 행동했
  을까?

라) 영화 「천문」 시청 후 위인전과 비교해보기
- 세종대왕과 장영실에 대한 위인전을 읽었다면, 두 사람을 소재
  로 한 영화 「천문」을 시청해보자.
- 세종대왕과 장영실은 서로를 무엇에 비유했나?
- 세종대왕의 안여(가마)는 왜 망가지게 되었나? 세종대왕은 안여

를 망가뜨린 범인을 어떻게 잡으려 했나?
- 세종대왕은 왜 장영실에게 왜 궁궐 밖으로 나가 숨어서 지내라고 했나? 그런데 장영실은 왜 세종대왕의 명령을 어기고 다시 스스로 감옥으로 돌아왔나?
- 세종대왕은 왜 장영실의 처벌을 두고 고민했나? 장영실은 왜 죄를 뒤집어쓰고 처벌해달라고 했나?

마) 영화 「천문」 시청을 마쳤다면, 두 위인전과의 공통점 차이점을 비교해보자.
- 위인전 속 세종대왕, 장영실과 영화 속 세종대왕, 장영실은 어떻게 다를까?
- 책 속 두 사람의 관계와 영화 속 두 사람의 관계에 관해 설명해보자.
- 책을 읽고 미처 알지 부분 중 영화를 통해 알게 된 것은 무엇인가?
- 영화를 보고 떠오른 단어들을 적어보자. 그리고 적은 단어들을 이용해 느낀 점을 글로 표현해보자.

바) 두 위인전과 영화 「천문」을 활용한 뉴미디어 논술
- 장영실을 멀리한 세종대왕의 행동은 잘못된 것인가?
- 스스로 벌을 받겠다고 한 장영실의 행동은 올바른 것인가?
- 명나라(중국)의 위협에도 불구하고 우리만의 과학기술과 글자를 만들려는 세종대왕의 행동에 대해 자기 생각을 이야기해 보자.
- 아래는 세종대왕과 장영실이 서로에게 한 말이다. 이 말을 들은 세종대왕과 장영실은 어떻게 대답했을지 직접 작성해보자.

장영실: "전하가 꿈꾸지 않았으면 제가 감히 생각이나 했겠습니까?"

세종: _____

세종: "너는 조선의 시간을 만들고 조선의 하늘을 열었다."

장영실: _____

- 아래는 「천문」을 만든 감독의 말이다. 감독이 말한 두 사람의 사이는 어떠했는지, 감정이 어떠했는지 설명해보자.

  "신분의 차이를 떠나 서로를 알아보고 각자의 꿈을 지지한 세종과 장영실의 관계, 그리고 감정은 무엇이었을지 많은 고민을 했다."
  - 허진호 감독

사) 현실 문제에 접목하기

- 최근 우리나라에서는 '중국은 산봉우리 같은 나라, 한국은 작은 나라지만 중국몽(중국의 꿈, 중국이 앞으로 나가고자 하는 방향)과 함께 하겠다'는 말이 나오고 있다. 영화 속 조선과 명나라의 관계를 생각하면서 현재 중국을 향한 우리나라 외교에 대해 자기 생각을 이야기해보자.

3) 미니 논술 대회 : 부모가 직접 문제를 출제하고 평가

논술 문제는 토론 주제를 뽑는 것과 유사하다. 특히, 논술은 글자 수와 시간제한을 두는 경우가 대부분이니 글자 수와 작성 시간도 함께 정해주는 것이 좋다. 처음엔 주제만 제시하는 단독 질문형 문제를 주고 어느 정도 익숙해지면 지문을 읽고 그에 따라 논술문을 작성하는 단독 제시문 형과 두 개 이상의 글을 읽고 비교 분석해서 논술을 작성하는 혼합 제시문 형 문제를 출제하자.

아울러 논술 작성이 끝나면 반드시 발표를 시키고, 왜 그렇게 생각했는지 이유를 들어보자. 그리고 전체적인 강평(講評)을 하자.

A. 단독 질문형

단독 질문형은 제시문이나 근거 자료 없이 문제를 보고 자기 생각을 밝히는 형태의 논술이다.

얼마 전 동물원을 탈출한 퓨마를 사살한 일이 있었다. 퓨마를 사살한 것이 옳은 행동이었는지, 그렇지 않은지 자기 생각을 이유를 들어 써보자(1,000자/40분)

B. 단독 제시문 형

단독 제시문 형은 한 가지 제시문(주장하는 글, 신문 기사 등)을 읽거나 영상 자료를 보고난 뒤 제시문과 관련된 질문에 대해 자기 생각을 논리적으로 밝히는 것이다.

제시된 QR코드를 통해 뉴스를 시청한 뒤 문제에 대한 자기 생각을 글로 작성해보자(1,000자/40분)

문제: 유튜버들의 조작방송을 막으려면 어떻게 해야 할 것인지 해결책과 그 이유를 글로 작성하시오

제시문(제시 콘텐츠): [속고 살지 마] 메가 유튜버들의 뻔뻔한 주작질

[속고 살지 마] 메가 유튜버들의 뻔뻔한 주작질
-KBS, 2020년 7월 22일

C. 혼합 제시문 형

혼합 제시문 형은 한 가지 주제 아래 서로 다른 입장을 담은 글을 제시하고 어느 한쪽의 입장을 택해 지지하거나 비판하는 문제, 두 입장을 비교 분석하는 문제, 혹은 서로 다른 두 제시문 속에서 공통점을 찾아 이에 대한 자기 생각을 쓰는 문제 유형이다.

바른말 사용에 대해 어린이 기자가 작성한 두 개의 기사를 읽고 문제에 답해 보자

문제: 두 기사의 공통점을 찾아보고, 왜 바른 말을 사용해야 하는지 그 이유를 글로 작성해보자(800자/60분)

욕에 중독된 초등생들

-어린이동아, 2013년 11월 27일

바른 말을 사용합시다

-어린이동아, 2013년 12월 2일

TOL TIP
논술 대회를 위한 원고지 사용법

A. 원고지에 쓰기

- 원고지는 한 칸에 한 자씩 쓴다. 단 알파벳 소문자나 아라비아 숫자는 한 칸에 두 자씩 쓴다.

미	디	어	는	(	ma	di	a	)	는		U	N	에	서		1,	00	0	원

- 문단이 바뀔 때 그 줄의 첫 칸은 비우고 쓴다. 문단이 바뀌지 않으면 첫 칸은 비우지 않는다. 오른쪽 맨 끝 칸 띄어쓰기가 필요한 경우 √표시를 한다.

미	장	센	은		연	극	과		영	화		등	에	서		연	출	의
묘	를		살	리	는		장	치	로	서	,	그	동	안		많	은		영	화

- 원고지 첫 칸에는 문장부호를 쓰지 않는다. 원고지 끝에서 문장이 끝나 문장부호를 써야 할 때는 마침표와 쉼표는 마지막 칸에 글자와 함께 쓰며 나머지 문장부호는 오른쪽 여백에 쓴다.

봉	준	호		감	독	은		트	로	피	를		받	았	지	만,

B. 문장부호 쓰기

- 마침표와 쉼표: 마침표나 쉼표를 찍을 때는 그 뒤로 한 칸을 띄지 않는다. 이들은 반 글자 분량으로 치기 때문에 이미 반 칸이 띄어 있다고 보기 때문이다.
- 느낌표와 물음표: 느낌표와 물음표는 글자 한 자와 같이 한 칸을 차지하고 그다음 칸은 띄어 쓴다.

영	희	는		왜		밥	을		먹	지		않	았	을	까	?		아	마

- 큰따옴표와 작은따옴표: 시작할 때는 칸의 윗부분 오른쪽에 써야 하고 마칠 때에는 마침표와 같은 칸에 쓴다. 마침표는 왼쪽 아랫부분에, 따옴표는 오른쪽 윗부분에 쓴다. 느낌표나 물음표 다음에 올 때는 그다음 칸 윗부분에 쓴다.

	" 탄	산	음	료	를		마	시	지		말	자 "		고		선	생	님	께
	' 마	음	이		예	쁜		친	구	구	나	! '		라	고		생	각	했

- 묶음표와 이음표: 쌍점(:), 가운뎃점(·), 빗금(/), 낫표(『』) 등의 부호들도 한 칸에 하나씩 쓴다. 다만 줄표(—)는 두 칸에 걸쳐 쓰며 말줄임표도 한 칸에 세 개씩 두 칸에 걸쳐 쓴다.

내	가		투	명	인	간	이		될		수		있	다	면	…	…
리	터	러	시		—		문	자	화	된		기	록	들	을		통	해

4) 논술문 첨삭 지도

논술문 작성 뒤 반드시 이뤄져야 하는 것이 바로 첨삭 지도다. 첨삭 지도는 글의 완결성뿐만 아니라 표현력, 분량 등 완성도까지 총체적으로 점검을 한다. 첨삭 지도를 제대로 한다면 글쓰기 능력은 물론 사고력을 향상할 수 있다.

특히 첨삭 지도는 빨간펜으로 하므로 아이들은 내용뿐만 아니라 시각적으로도 강렬한 느낌을 받는다. 이에 너무 날카로운 비판보다는 칭찬과 격려를 바탕으로 첨삭 지도를 해서 장점을 극대화하는 것이 좋다.

A. 첨삭 지도의 방향과 유의점

첨삭 지도는 숲을 먼저 본 뒤 나무 한 그루 한 그루를 보는 식으로 하는 것이 적합하다. 우선 글의 전반적인 내용과 전개 상황을 점검한 후 단어 선택, 문장, 맞춤법 등을 살피는 것이 좋다. 또한, 첨삭 시에는 삭제할 부분, 보충해야 할 부분, 구성을 다시 해야 할 부분들을 중점적으로 살피며 무엇이 왜 잘못되었고 어떻게 고쳐야 하는지를 구체적으로 표현하도록 하자.

첨삭 과정에서 유의할 점은 첨삭은 간결하게 작성해 아이가 쉽게 파악할 수 있도록 해야 한다는 점이다. 그리고 첨삭의 특성상 지적을 할 수밖에 없지만 자칫 아이의 글쓰기가 위축될 수 있으므로 잘된 점을 먼저 얘기하고 고칠 점을 나중에 언급하는 것이 좋다.

또한 한꺼번에 너무 많은 점을 지적하지 않도록 하며, 글 내용에 대한 구체적인 지적이 아닌 문법에 대한 언급은 간략히 작성한다. 아울러 아이 수준에 맞는 단어를 사용해 지적하며 교정부호와 밑줄 등을 이용해 어떤 부분을 어떻게 지적하는지 쉽게 알아볼 수 있게 한다.

B. 첨삭 지도 점검 포인트

첨삭지도 방향에 따라 과정별로 점검 포인트를 세분화해 보겠다. 천천히 하다보면 어렵지 않게 아이들의 글을 직접 첨삭 지도할 수 있을 것이다.

a. 글 전체 점검

글 전체를 점검하는 것은 숲 전체를 조망하는 것과 같다. 따라서 세부적인 내용보다는 글의 주제가 명확하게 드러나 있는가, 주제에 맞게 서술해 나갔는가, 주제와 빗나간 내용은 없는가를 살펴보는 것이 좋다. 그 다음으로는 주제와 관련한 내용 중 빠진 부분은 없는가, 중언부언한 부분은 없는가를 점검하도록 한다.

b. 구성 점검

숲 전체의 모양과 지형을 파악했다면 숲속에 심겨 있는 나무들을 살펴볼 차례다. 글의 주제를 파악했다면 글의 연결성을 점검하자. 글의 연결성을 파악하기 위해서는 글의 구성, 즉 글의 기승전결은 무엇인지 어떤 내용과 흐름으로 전개되는지를 살펴보면 좋다.

특히 기승전결 각 파트가 글의 주제를 벗어나지 않는가, 기승전결 각 파트의 순서와 배치는 적절한가, 배분은 잘 되어 있는가, 논리 전개에 문제는 없는가, 근거는 적절히 제시했는가 등의 체크리스트를 만들어 활용하자.

c. 표현력 점검

표현력은 나무의 꽃이 잘 피었는지, 열매는 잘 맺어졌는지, 병충해 든 곳은 없는지 살펴보는 것이다. 숲을 둘러보고 나무의 뿌리와 기둥이 잘 자리잡혔는지 가지들은 곧게 잘 뻗었는지 살펴보았다면 이젠 나무를 완성해 줄 꽃과 열매들을 점검해보자.

표현력 점검에서는 문장부터 살펴본 뒤 단어 점검으로 넘어가는 것이 좋다. 우선 문장의 어법과 주술 관계가 맞는지, 길이가 지나치게 길거나 짧지는 않은지, 문장과 문장 사이의 연결은 자연스러운지를 점검한다. 이어 단어 선택이 적절하고 적합한지, 상황에 맞는 단어를 사용했는지, 비속어는 없는지를 살펴본 뒤 맞춤법 띄어쓰기 오자 문장부호 등 문법적인 요소들을 살펴보도록 한다.

d. 글 설계와 결과물 간의 점검

숲에서부터 나무 한 그루 한 그루까지의 점검을 마쳤다면 다시 처음으로 되돌아가자. 아이가 만든 숲의 지도가 실제 살펴본 것과 일치하는지를 점검하기 위해서다. 앞서 생각의 완결성을 넘어 생각의 완성도까지 갖춰야 한다고 언급했는데, 숲과 나무를 살펴보는 일은 생각의 완결성을 점검하는 것이었다. 이에 글 설계와 결과물 간의 점검을 통해 완성도를 점검하는 것이 좋다.

우선 생각의 방, 마인드 맵, 이야기 나무 등 글쓰기 전 설계 요소의 핵심은 무엇인가를 파악한다. 이후 결과물은 실제 글은 설계 요소들을 잘 반영하고 적용했는지, 설계와 실제 글이 다를 경우 무엇이 어떻게 달라졌는지를 살펴본다.

TOLution
첨삭 지도 점검 포인트 정리

글 전체 점검	- 숲 전체 점검 (글의 주제 중심으로 점검)
구성 점검	- 숲속 나무들의 뿌리와 기둥, 가지 점검 (구성과 기승전결 점검)
표현력 점검	- 나무의 꽃과 열매 점검 (문장과 단어 선택 점검)
글 설계와 결과물 점검	- 숲의 지도와 실제 숲 비교 점검 (글 작성 전 설계와 실제 글 점검)

C. 교정부호와 기호 사용법

⟨글자 바꿈 기호⟩	글자를 바꿀 때	물건이 가득 ᄊᆞᆼ였다.
⟨글자 뺌 기호⟩	글자를 뺄 때	엉터리이였다.
⟨붙임 기호⟩	붙여 쓸 때	9년 전 부터 시작되었다.
∨	띄어 쓸 때	아름다운 파도소리
⟨넣음 기호⟩	글자를 넣을 때	사랑을 우리는 실천해야 한다.
⟨고침 기호⟩	여러 글자를 고칠 때	진지를 아버지께서 밥을 잡수신다.
⟨줄바꿈 기호⟩	줄을 바꿀 때	"누구세요?" 철수가 문을 열면서 말했다.
⟨왼쪽 옮김 기호⟩	왼쪽으로 한 칸 옮길 때	서로 돕자.
⟨오른쪽 옮김 기호⟩	오른쪽으로 한 칸 옮길 때	푸른 하늘 은하수
⟨순서 바꿈 기호⟩	앞과 뒤의 순서를 바꿀 때	일찍 집을 나섰다.
⟨줄 이음 기호⟩	줄을 이을 때	이 풀은 씀바귀다. 쓴맛이 나서 씀바귀라고 부른다.

CHAPTER 5

나가는 글

앞으로의 시대에서는 생각과 생각을 연결하고 그 속에서 또 다른 새로운 것을 찾아내고 만들어내는 능력이 중요하다. 우리가 지금까지 떠오르는 생각을 채워 넣고 정리하고 다양하게 활용하는 방법을 익힌 것 역시 생각과 생각의 연결을 용이하게 하기 위해서다. 그렇기에 생각을 정리하고 활용하는 교육은 일회성으로 그쳐서는 안 된다.

에필로그 :
당신이 그리는 미래 자녀의 색깔은 무엇입니까?

1) 확신으로 바뀐 두 장면

집필을 마친 이 순간 두 장면이 머릿속을 스친다. 직간접적으로 보고 느끼면서 깊은 인상을 받은 장면들인데, 집필하면서 막연한 인상은 확신으로 변했다. 이 책의 핵심 이미지라고 하기에 손색없는 장면들이라고 생각한다.

#. Scene 1

"전 만화가가 되고 싶어요"
"우하하하"

장래 희망이 무엇이냐는 질문에 사촌 동생이 답변했고, 이내 행사장은 웃음바다가 되었다. 숙모의 회사에서는 매년 어린이날 기념행사를 했고, 나와 사촌 동생은 초대를 받아 즐거운 시간을 보내곤 했다. 그 자리에선 늘 장래 희망에 관한 질문이 나왔는데 당시엔 천편일률적으로 과학자, 의사, 대통령 등이 주류를 이뤘다.

하지만 만화를 좋아하고 직접 그리기까지 했던 유치원생 사촌 동생은 당당하게 만화가가 되고 싶다고 밝혔다. 당시만 해도 동화책과 위인전은 아이들의 정서발달과 학습 능력에 도움을 주는 책이고 만화책은 그 대척점에 있는 쓸모없는 책이었다. 만화책은 책이 아니었고 TV처럼 '책의 형태로 된 바보상자'였다. 그 금기를 무려 장래 희망이라고 밝혔으니 웃음이 터질 수밖에. 당시엔 사촌 동생의 천진난만함이 재미있어 웃는 사람도 있었지만, 사회가 정해놓은 궤도를 이탈한 것에 대한 조소도 있었을 것이다.

당시 부모가 만화책을 읽고 있는 자녀에게 하는 말들은 정해져 있었다. "만화책 그만 보고 공부 좀 해"는 양호한 편이고 "커서 뭐가 되려고 그러느냐"라는 말까지 나왔다. 만화책은 무의미하게 시간만 보내고 인생에 아무런 도움이 되지 않는 책이었다.

하지만 지금은 다르다. 만화가들은 4차 산업 시대가 주목하는 디지털 플랫폼 아래 여느 베스트셀러 작가 못지않은 주목을 받는다. 직업명도 바뀌었다. 만화가가 아니라 웹툰 작가다. 웹툰 작가는 아이들에게 선망의 대상이다. "만화책만 보다 나중에 밥벌이할 수 있겠느냐"는 부모들의 핀잔과 달리 만화만 잘 그려도 자신의 이름을 떨치며 밥벌이를 할 수 있는 시대는 이미 열렸다.

이제 더 이상 만화가는 한심한 꿈이 아니다. 만화를 잘 그리는 사람은 '하라는 공부는 안 하고 딴짓하는 사람'이 아니라 자기 생각을 잘 정리하고 발산해서 만화로 그려내는 능력을 지닌 사람이다. 이 능력은 4차 산업 시대를 헤쳐나가는 나만의 뛰어난 무기다. 세상은 바뀌었다. 고정관념들은 깨지고 있고 직업에 대한 인식도 바뀌고 있다.

중요한 건 만화가가 꿈이었던 사촌 동생은 단 한 번도 '만화책을 읽지 말아라'는 제지를 받은 적이 없었다는 것이다. 선정적이고 폭력적인 내용의 만화가 아니라면 몇 권이든 읽도록 허용해주는 분위기 속에 성장했다.

어린 시절 활자보다 귀엽고 아기자기한 그림이 먼저 눈에 들어오는 것은 당연할 터. 사촌 동생은 TV 대신 만화책과 함께했고 자연스럽게 만화광이 되었다. 그 녀석은 당시 '명랑 만화'라고 불리던 만화를 시작으로 만화에 흥미를 붙이기 시작했고 역사만화와 위인전 만화 등을 섭렵하며 범위를 넓혀나갔다.

만화책이 다양한 분야에 대해 넓고 얕은 지식을 쌓기엔 제격이었지만 한 분야에 대한 깊은 지식을 쌓기엔 모자랐다. 그렇게 만화책에서 파생된 호기심은 일반 도서로 이어졌다. 만화책을 한 권 두 권 읽어가던 사촌 동생은 지식과 생각의 영토를 넓혀나갔고, 일반 도서로 생각의 깊이를 더했다.

그것도 성에 차지 않았는지 아예 스케치북에 만화를 그려나가기 시작했다. 만화책에서 읽은 다양한 공룡에 대한 지식은 직접 그린 블록버스터 만화의 악랄한 빌런을 그리는 데 도움을 주었으며, 로봇 만화책을 본 뒤 읽기 시작한 지구과학책은 우주를 배경으로 한 만화의 훌륭한 소재가 되었다.

그렇게 다양한 분야에 대한 지식은 분리된 채 사라지지 않고 거미줄처럼 이어져 생명력을 유지했다. 때마침 대학교 입학시험이 학력고사에서 수학능력시험으로 바뀌었다. 사촌 동생은 자신이 원하는 대학교와 학과를 택해서 갈 정도의 고득점을 올렸고, 현재 동생은 4차 산업 시대 정보들이 오가는 길목에서 일하며 빛을 발하고 있다.

#. Scene 2

채널은 많은데 볼 것은 딱히 없는 요즘의 TV 프로그램. 리모컨 버튼을 열심히 누르던 중 눈길을 사로잡는 프로그램이 있었다. 특정 분야의 영재 어린이들을 찾아 그들의 일상을 관찰하고 영재성의 원인을 분석하며 더 나아가 영재성을 더욱 키우고 적합한 진로를 모색해보는 SBS「영재발굴단」이었다.

이 프로그램엔 다양한 분야에서 두각을 나타내는 영재들이 출연했는데 그들에겐 한 가지 공통점이 있었다. 아이들은 장단점 모두 가지고 있을 수밖에 없는데, 부모들이 아이의 단점을 억지로 고치려 하기보다는 장점을 극대화해주는 것이었다. 집중력이 다소 떨어지지만 관찰력이 좋은 아이를 억지로 책상 앞에 앉혀두고 집중력을 키우려 하지 않았다. 대신 자유롭게 다양한 사람과 사물을 보여주며 관찰력을 더욱 극대화했다.

그림 그리기를 좋아하는 아이는 다른 친구들이 공부할 시간에 그림을 그렸다. 이 친구는 한 번 스치듯이 본 책의 내용도 그림으로 척척 그려냈고, 그림은 학습 내용을 정리하고 복습하는 훌륭한 도구가 되어주었다. 비록 책상 앞에 앉아 공부하는 시간은 다른 친구들보다 짧았지만 학습 내용을 그림으로 옮긴 덕에 지식은 단편적으로 흩어져 있지 않고 촘촘하게 엮이게 되었다.

또 자동차에 관심 있던 아이는 흐릿한 CCTV만 보고도 차종을 척척 알아맞혔다. 결국 이 영재는 경찰 뺑소니 전담팀을 방문해 CCTV 속 차량들을 분석해냈고 뺑소니 운전자 검거에 크게 이바지했다. 이 친구는 1,400개에 달하는 미니카를 가지고 있었다. 그런데 미니카를 가지고 노는 것으로 끝나는 것이 아니라 차종별 특징을 꼼꼼히 메모해두었다. 이 메모장은 내로라하는 자동차 장인들도 가지지 못한 최고의 자동차 DB였다.

이렇게 장점을 극대화 한 영재들은 남들이 가지지 못한 무기를 하나 더 갖고 출발선에 서게 되었다. 이들에게 쓸모없는 지식과 능력은 없었다. 하기 싫지만 억지로 해야만 하는 것도 없었다. 내가 잘할 수 있는 것과 앞으로 하고 싶은 것만 있었다. 그리고 부모는 잘할 수 있는 것과 하고 싶은 것 사이의 틈새를 좁혀주는 도우미였다. 그리고 아이가 원하는 것을 스스로 주도해서 할 수 있게 도와주는 것, 그것이 부모에게 가장 중요한 역할이었다.

2) 유에서 또 다른 유를 찾아내는 시대

사촌 동생과 방송 프로그램 이야기를 하는 데엔 이유가 있다. 이 책의 핵심 가치도 이 이야기들 속에 있기 때문이다. 만화가가 되고 싶다는 사촌 동생의 포부를 듣고 외삼촌과 숙모가 다른 부모들처럼 웃고 말았다면, 그래서 만화책을 보지 못 하게 했다면, 하고 싶은 것을 잔뜩 뒤로 미뤄놓고 해야만 하는 공부에만 매달리게 했다면 사촌 동생의 인생도 많이 바뀌었을 것이다.

TV에서 본 영재들도 부모님과 선생님이 자신들의 장점을 눌렀다면 반짝반짝 빛나는 영재성을 발휘하지 못했을 것이다. 실제로 이들의 영재성은 학교 밖에서 빛났다. 학교라고 해도 제작진이 데리고 간 대학교에서 해당 분야 교수와 1:1로 수업을 듣고 이야기를 나눌 때 빛을 발했다. 이를 뒤집어서 생각하면 초등학교, 중학교 등 우리 공교육 현장에서는 이들의 영재성을 뒷받침해 줄 시스템이 부족했다는 것이다.

주입식 교육은 이미 한계에 봉착했다. 남다른 사람이 성공할 것이라고 입 모아 이야기하지만 현실은 그렇지 않다. 암기를 잘한 학생보다 학습한 내용을 잘 이해하고 응용하는 학생에게 유리할 것이라는 수능시험은 학력고사보다 진일보한 시험임은 틀림없지만, 남과 다른 사람을 선발하는 시험이 아니라 남보다 더 공부를 잘하는 사람을 선발하는 시험이라는 점은 바뀌지 않았다.

미래 교육학자 마크 프렌스키(Mark Prensky)는 "학생들은 근본적으로 달라졌다. 오늘날 학생들은 더 이상 우리 교육 시스템이 가르치려 했던 그 아이들이 아니다"라고 말했고, 미국의 유명 교육학자 존 듀이(John Dewey)도 "어제 가르친 그대로 오늘은 가르치는 건 아이들의 내일을 빼앗는 것이다"라고 강조했다.

OECD에서는 'OECD 교육 2030: 미래 교육 역량' 프로젝트를 통해 미래 학습자가 가져야 할 4가지 역량을 제시했다. 그 네 가지는 문해력, 수리력, 데이터 이해력, 디지털 이해력이다. 문해력과 수리력이 전통적으로 강조되어 오던 역량이라면, 데이터 이해력과 디지털 이해력은 4차 산업 시대 시대를 맞아 새롭게 등장한 역량이자 현재 가장 중요한 역량이라고 할 수 있다. 시대가 바뀌면서 필요한 역량들도 바뀌고 있다. 주입식 교육 경쟁에서 살아남은 사람들이 해왔던 방식으로는 소화할 수 없는 역량들이다.

과거엔 한 우물을 우직하게 판 사람만이 무언가를 이룰 수 있었다. 산업화 시대엔 저마다 그렇게 자신만의 분야를 개척해나갔다. 하지만 기술의 발달로 인해 자신만의 철옹성 같은 울타리는 허물어졌고 한 사람이 평생을 바쳐 이룩한 지식도 몇 분 안에 손쉽게 얻을 수 있게 되었다. 지식의 수명도 과거와 비교해 훨씬 짧아졌고 지식이 많은 사람보다는 지식을 잘 활용하는 사람들이 성공하는 시대가 도래했다.

생각의 종합과 응용의 결정체인 콘텐츠에서 이런 현상은 더욱 두드러지게 나타난다. 개개인의 기호와 관계없이 방송사에서 일방적으로 내보내던 콘텐츠는 더는 주목을 받지 못했고, 개개인의 기호와 트렌드를 반영하고 다른 콘텐츠와 융합하면서 시너지를 내고 소비자와 쌍방향 소통하는 콘텐츠들이 빛을 발했다. 특히 유튜브 등 뉴미디어 플랫폼이 이들이 뛰놀 수 있는 운동장을 만들어줌으로써 개성 넘치는 콘텐츠들은 더욱 빛을 발했다.

이런 트렌드를 극명하게 드러낸 일화가 있었다. 지상파 TV 간판 개그 프로그램인 KBS「개그콘서트」가 시청률 하락으로 폐지되었는데, 마지막 회에서 개그우먼 강유미는 후배들 앞에서 "우리 희극인들의 정신이 살아 있는 한 KBS 코미디는 절대 죽지 않아"라고 힘주어 말했다. 하지만 그녀는 유명 유튜버로부터 협업 제안 전화를 받자마자 후배들을 팽개치고 갔다. 웃음을 자아내려고 일부러 각색한 상황이었지만 그 속엔 뼈가 있었다.

이에 대해 「개그콘서트」 전성기를 이끌었던 서수민 PD는 중앙일보와의 인터뷰에서 "개인 취향의 시대다. 과거처럼 온 가족이 모여 웃고 즐기는 개그 프로그램이 존립하기는 어려워진 것 같다. 유튜브 등을 통해 개그맨 개개인의 개성과 창의성이 더욱 드러나는 다양한 실험들이 이어지지 않을까 싶다. 하지만 '개콘의 종영=코미디의 몰락'은 아니다"라고 분석했다.

방송사가 다양한 시청자들의 기호를 반영하지 못하고 한 방향으로 내보내던 프로그램이 몰락한 것이지, 코미디 즉 콘텐츠라는 본질 자체는 변하지 않았다는 이야기다. 그렇기에 본질을 전달하는 방법을 고민해야 하는 시기이고 고민을 풀 실마리는 결국 종합적이고 창의적인 생각의 힘으로부터 나올 것이다.

국내 굴지의 입시교육 전문 업체인 메가스터디의 손주은 회장도 지난해 '2019 인구 이야기 팝콘' 강연에서 "현재 입시 현상은 '4차 산업혁명의 부산물'이다. 부모 세대가 4차 산업혁명과 함께 나타난 변화에 대응하지 못하고 자신의 경험을 자녀 세대에 이식하려 하는 것에 불과하다. 10년 안에 사교육은 사라진다"며 "잘 노는 것이 곧 생산이며 잘 노는 사람에게 일정 소득이 가는 시대가 온다. 영어단어 외우고 수학 문제 풀어서 대학 잘 가는 것은 이제 전혀 쓸모가 없다"고 말했다.

그는 또 "요즘 아이들은 삼성전자보다 샌드박스(유튜브 크리에이터 MCN)에 더 들어가고 싶어 한다. 미래엔 머리 쓰는 일은 소수의 천재급 인재만 하면 된다. 나머지는 다른 사람들 즐겁게 해주는 콘텐츠 생산에 집중하는 것이 낫다. BTS가 여기저기서 튀어나와야 한다"고 덧붙였다.

4차 산업혁명에 따른 변화로 개인의 다양성과 창의성을 중시하는 시대가 도래했음을 암시한 발언이다.

3) 뉴 칼라의 시대는 이미 시작되었다

손주은 회장의 발언처럼 4차 산업혁명에 따른 변화는 이미 일어나고 있다. 2000년대 초 초고속 인터넷 인프라가 전국적으로 구축되고 스타크래프트 열풍이 불면서 프로게이머들이 주목받기 시작했다. 이 현상이 얼마나 가겠느냐고 코웃음 치던 사람들은 20년 뒤 시대의 흐름을 읽지 못한 꼰대가 되어버렸다.

20년이 지난 지금도 프로게이머의 의미와 외연은 확대되고 있다. 이젠 게임 대회에 출전해 대결을 펼치고 상금을 받는 사람만 프로게이머가 아니다. 게임 대회를 중계하고 분석하는 게임 관련 유튜버들도 게임을 가지고 돈을 번다. 이들이 대회에 참가해 직접 대결을 펼치지 않았다는 이유로 프로게이머가 아니라고 코웃음을 친다면 20년 전 코웃음을 치던 사람들과 다를 바가 없을 것이다.

IBM 최고경영자 버지니아 로메티(Virginia Rometty)도 2017년 다보스포럼에서 블루칼라, 화이트칼라를 잇는 뉴 칼라(New Collar)의 시대가 온다고 역설했다. 화이트칼라 50~70%는 20년 안에 없어지고 AI 등이 대체할 것이라는 정부 발표도 있었다.

인간이 개척할 수 있는, 다시 말해 무에서 유를 창조할 수 있는 영역은 별로 남아 있지 않다. 다만 유와 유의 결합 속에서 또 다른 유를 찾아내 새로운 것으로 만들 수 있는 영역은 여전히 많다. 4차 산업혁명 시대 정보의 바다에서 자유롭게 헤엄치면서 필요한 정보들을 쏙쏙 골라담고 이를 정리하고 결합하고 응용한 뒤 나만의 시각에서 바라보고 재해석하면서 또 다른 새로운 것을 창출하는 사람이 바로 뉴 칼라다. 그리고 뉴 칼라는 기존 블루&화이트 두 가지 색이 아닌 다른 빛깔을 뿜어낼 수 있는 뉴 칼라(New Color)이기도 하다.

무언가를 생각해내고 만들 줄 아는 아이들, 즉 뉴 칼라는 다음 시대를 채색할 붓을 쥘 확률이 높다. 자기 생각을 정리하고 조합하고 응용해 본 경험이 있는 아이들이 유튜브를 소비만 하고 마는 아이들과 같을 수는 없다.

유튜브를 본 뒤 느낀 점에 대해 '좋다'라고 답하고, 왜 좋으냐는 물음에 '그냥'이라고 대답하며 생각의 힘을 기르지 못한 아이들은 성인이 된 이후에도 4차 산업 시대에 먼저 깃발을 꽂은 생산자의 영토에서 소비자로 '그냥' 살아갈 확률이 높다. 학력보다 생각하는 힘이 강한 사람이 빛을 발할 수밖에 없는 세상은 이미 열렸다. 그래서 마지막으로 가장 중요한 이 질문을 던질 수밖에 없다.

"당신이 그리는 미래 자녀의 색깔은 무엇입니까?"

모쪼록 이 책을 통해 여러 학부모님들이 단절된 환경 속에서의 일방향적 교육을 지양했으면 한다. 스마트 기기를 잘 다루는 것은 공부와 담쌓는 행위가 아니라 앞으로의 세상을 살아갈 능력을 얻는 것이다. 아이들이 4차 산업 시대의 디지털 문물을 충분히 흡수하고 활용해 세상과 연결되고 그 속에서 저마다 독창적인 생각을 꽃피우기를 바란다.

끝으로 기자에서 작가로, 작가에서 글쓰기 강사로, 강사에서 다시 생각 키우기 코치로 변신에 변신을 거듭할 수 있게 용기를 북돋아 준 여러분께 감사의 인사를 올린다. 특히 작가로서의 꿈을 실현하고 소중한 인연을 이어나갈 수 있게 도와준 더블유미디어, 머릿속에 떠다니는 수많은 생각들과 파편화된 지식과 경험들을 일목요연하게 정리해 나만의 콘텐츠로 만들 수 있는 영감을 준 서민규 콘텐츠 코치에게 감사드린다.

아울러 코로나19로 어수선했던 한 해 집필에만 전념할 수 있게 해준 가족들, 늘 기도와 응원으로 지지해주시는 강석찬 목사님과 이철주 대표님, 강의 콘텐츠를 독창적인 관점의 책으로 발전시키기까지 영감을 준 학부모님들과 제자들에게도 감사의 인사를 전한다.

2020년 가을 저자 김재윤

QR 코드 스캔 방법

QR코드란 상품 뒷면에 있는 바코드의 진화된 형태로 상품명, 제조사 등의 단편적인 정보제공만 가능했던 바코드에 비해 인터넷 주소(URL), 사진, 동영상, 지도, 명함 등 다양하고 많은 정보를 제공할 수 있는 코드체계이다. 카메라와 인터넷 연결이 가능한 스마트폰이나 테블릿 등 모바일 기기가 보편화된만큼 사용도 많이 되고 있다.

광고·홍보의 목적으로 많이 사용되고 있고, 이 책에서 활용한 것처럼 디지털 콘텐츠로의 이동이 용이하게 사용하기도 한다. 요즘 QR코드를 가장 많이 사용하는 분야 개인정보 제공 분야가 아닌가 싶다. 코로나로 인해 사람이 많은 곳을 출입할 때 해당 시설에 방문한 이력을 남기는 출입명부를 손으로 적는 것이 아니라 개개인 고유의 QR코드로 전차출입명부를 작성하는 것이다. 개인정보 유출에서도 보다 안전하고, 수기로 출입명부를 작성하며 감염의 우려도 줄일 수 있는 방법 중 하나이다. 이처럼 우리 생활에서 많이 사용하는 QR코드, 이 책에 담겨있는 QR코드도 스캔하여 다양하게 활용해보도록 하자.

카카오톡을 이용해서 QR코드 찍기

국민 어플리케이션인 카카오톡. 카카오톡을 이용해 QR코드를 스캔해보도록 하자. 카카오톡에 들어가면 제일 처음에 있는 '친구목록'이나 '채팅목록' 상단에 있는 돋보기 모양 아이콘을 누르면 검색창이 나온다. 검색 창의 오른쪽 '코드스캔' 아이콘을 누르면 QR코드/바코드를 스캔할 수 있는 창이 뜬다. 카메라로 도서에 있는 QR코드를 찍으면 QR코드와 연계된 웹페이지로 이동할 수 있다.

네이버를 이용해서 QR코드 찍기

네이버를 이용해서도 간편하게 QR코드를 스캔할 수 있다. 네이버에 들어가면 제일 처음에 나오는 화면 하단에 있는 녹색 동그라미. '그린닷'이라고 하는데 이걸 누르면 네이버의 다양한 기능을 편하게 사용할 수 있다. QR코드를 스캔하려면 그린닷 화면에서 렌즈를 누르면 된다.

다양한 QR코드 스캔 앱 이용해서 QR코드 찍기

카카오톡이나 네이버 외에도 앱스토어를 방문해 'QR코드 스캔'을 검색하면 다양한 앱이 있음을 볼 수 있다. 그 중 사용자 리뷰를 보면서 자신에게 사용하기 편하고 좋은 기능을 갖고 있는 앱을 골라 사용해보도록 하자.

QR코드 출처

68p [지니스쿨 역사] www.youtube.com/channel/UCvkLnjWQIntSOpnreTEfP_g

68p [은근잡다한 지식] www.youtube.com/channel/UCifXwtlk4JtAzzAGNeeM91A

69p [유라야 놀자] www.youtube.com/channel/UCx8IhwapX8E7uooFYJleVZw

69p [달지 유튜브] www.youtube.com/channel/UCl2f1LqZbwTri22euWxPmpg

69p [조선 패션 - 귀고리 하는 남자들] youtu.be/3pzgAWFbv9Q

69p [식신로드 - 많이 먹는데도 살이 빠진다고] youtu.be/GGZn7lm9I_g

80p [영화 패신저스] movie.naver.com/movie/bi/mi/detail.nhn?code=116233

80p [영화 아일랜드] movie.naver.com/movie/bi/mi/basic.nhn?code=39879

89p [마인크래프트] www.minecraft.net/ko-kr

89p [어쌔신 크리드] www.ubisoft.com/en-gb/game/assassins-creed/odyssey

89p [동물의 숲] www.nintendo.co.kr/software/switch/acbaa/index.html

94p [윌라 오디오북] www.welaaa.com

94p [네이버 오디오클립] audioclip.naver.com

100p [코는 왜 가운데 있을까 오디오북] www.welaaa.com/audio/detail?audioId=422

100p [모죠의 일지] comic.naver.com/webtoon/list.nhn?titleId=728015

111p [어른이들 입덕시킨 거대 펭귄, 아세요?] www.hani.co.kr/arti/culture/culture_general/912759.html

112p ["천재일우의 기회"···경기교육감, '9월 학기제' 공론화] www.donga.com/news/article/all/20200417/100703393/2

112p [문 대통령 9월 신학기제 논의에 왜 반대했을까] www.mediatoday.co.kr/news/articleView.html?idxno=206026

112p [[랜선인싸] 집순이 게임 유튜버, 잠든 TV의 성공비결은 '끈기'] www.ddaily.co.kr/news/article/?no=199426

112p [도티 "공부 제쳐두고 게임만 하는 아이 때문에 고민이세요?"] www.hankyung.com/it/article/201910029492H

112p [도티 "꼬마 유튜버 강남 빌딩 샀다고? 성공 요인에 더 집중해야"] www.hankyung.com/it/article/201910020295H

113p [미래의 산타는 썰매 대신 뗏목 탄다?] kids.hankooki.com/lpage/news/201508/kd20150818154808125690.htm

113p ['헐, 안물, 핵노잼'··· 초등학생들이 신조어를 쓰는 이유는?] news.kbs.co.kr/news/view.do?ncd=3356088&ref=A

113p [어린이 동아일보 시사 퍼즐 코너] kids.donga.com/?ptype=article&psub=amuse&gbn=01

113p ["스쿨존에서 차 쫓아가면 돈 번다"··· 초등학생 사이 번지는 '민식이법 놀이'] biz.chosun.com/site/data/html_
     dir/2020/07/06/2020070602922.html?utm_source=naver&utm_medium=original&utm_campaign=biz

114p [영앤 리치 보스 키즈 크리에이터 헤이지니] woman.donga.com/3/all/12/2074664/1

114p ['도시락데이' 엄마가 싸준 도시락+편지에 헤이지니, 감동의 눈물] entertain.naver.com/
     read?oid=438&aid=0000028280

114p [망가진 고랭지 배추] www.kwnews.co.kr/nview.asp?aid=220073000084

114p [세병교 하부도로 "진입 금지"] www.busan.com/view/busan/view.php?code=2020071012533634414

115p [해외유입 확진자 연일 두 자릿수 증가] news.khan.co.kr/kh_news/khan_art_view.html?ar-
tid=202008022044005&code=940601

115p [코로나 시대 지구촌 마스크 춤] weekly.donga.com/3/all/11/2132911/1

115p ['코로나 시대'…비대면 일상이 된 식당 풍경] news.imaeil.com/Society/2020072318245741069

115p [설날엔 떡국이지…전국 팔도 떡국 레시피] www.donga.com/news/article/all/20200124/99388301/1

115p [사소해 보이지만 엄청 중요한 '코로나19 행동 요령'] weekly.donga.com/3/all/11/1991910/1

116p [코로나19로 달라진 일상, 언택트 문화] www.hankyung.com/economy/article/202007225076a

116p [박용석 만평] news.joins.com/article/23839118

116p [박용석 만평] news.joins.com/article/23837508

117p [배계규 만평] www.hankookilbo.com/News/Read/A2020080515590002529?did=NA

117p [배계규 만평] www.hankookilbo.com/News/Read/A2020072815590002579?did=NA

117p [김용민의 그림 마당] news.khan.co.kr/kh_cartoon/khan_index.html?artid=202008022157005&code=361101

117p [장도리] news.khan.co.kr/kh_cartoon/khan_index.html?artid=202008022200005&code=361102

117p [장도리] news.khan.co.kr/kh_cartoon/khan_index.html?artid=202007212158005&code=361102

117p [어린이 조선일보 땡글이] kid.chosun.com/cartoonlist.html?catid=131P&pn=1

117p [소년한국일보 말풍선] kids.hankooki.com/wordballoon/balloon.php

138p [워크플로위 사이트] www.workflowy.com

156p [SSG.COM 광고] www.youtube.com/channel/UCOJADk9Q_IS7HmVkV2vYF-A

158p [부활-친구야 너는 아니] www.youtube.com/watch?v=8_uk5061qvA

194p [美 우주인, 62일간의 임무 마치고 바다로 '텀벙'… 해상 귀환은 45년만] kid.chosun.com/site/data/html_
dir/2020/08/03/2020080302668.html

205p [BTS 병역특례 안 되고 이공계 특례는 유지한다] news.chosun.com/site/data/html_
dir/2019/11/21/2019112101551.html?utm_source=naver&utm_medium=original&utm_campaign=news

215p [메가 유튜버들의 뻔뻔한 주작질] news.kbs.co.kr/news/view.do?ncd=4500072&ref=A

216p [욕에 중독된 초등생들] kids.donga.com/?ptype=article&no=90201311282253&psub=search&gbn=

216p [바른 말을 사용합시다] kids.donga.com/?ptype=article&no=90201312032211&psub=search&gbn=

책 안 읽는 우리아이의
사고력과 창의력을 책임져주는 :

유튜브를 활용한 TOL 글쓰기

발행일 2020년 11월 15일

지은이 김재윤
펴낸이 정유리
디자인 김송이

발행처 더블유미디어
등록번호 제25100-2016-000033호
주소 서울특별시 서대문구 연희동
대표전화 02-2068-1956
팩스 02-2068-1995
홈페이지 www.w-media.co.kr
이메일 wmedia1@naver.com

ⓒ **김재윤**(저작권자와의 협의에 의해 검인은 생략합니다.)
ISBN 979-11-88476-26-8 (13590)
정가 14,500 원

* KOSA 승인필
* 인용을 허락해 주신 어크로스출판그룹(주), 스타리치북스, LG전자(주), 한국교육개발원, (주)에스에스지닷컴에 감사드립니다.
* 저작권법에 의해 보호를 받는 저작물이므로 무단전재와 무단복제를 금합니다.
* 이 도서의 국립중앙도서관 출판예정도서목록(CIP)은 서지정보유통지원시스템 홈페이지(http://seoji.nl.go.kr)와
  국가자료종합목록 구축시스템(http://kolis-net.nl.go.kr)에서 이용하실 수 있습니다. (CIP제어번호 : CIP2020046160)
* 더블유미디어는 여러분의 다양한 삶과 생각이 궁금합니다. 이야기나 아이디어가 있으신 분은
  이메일 wmedia1@naver.com으로 원고나 기획서를 보내주세요. 설레는 마음으로 기다리겠습니다.